이해평

소방연소학

Firefighting combustion

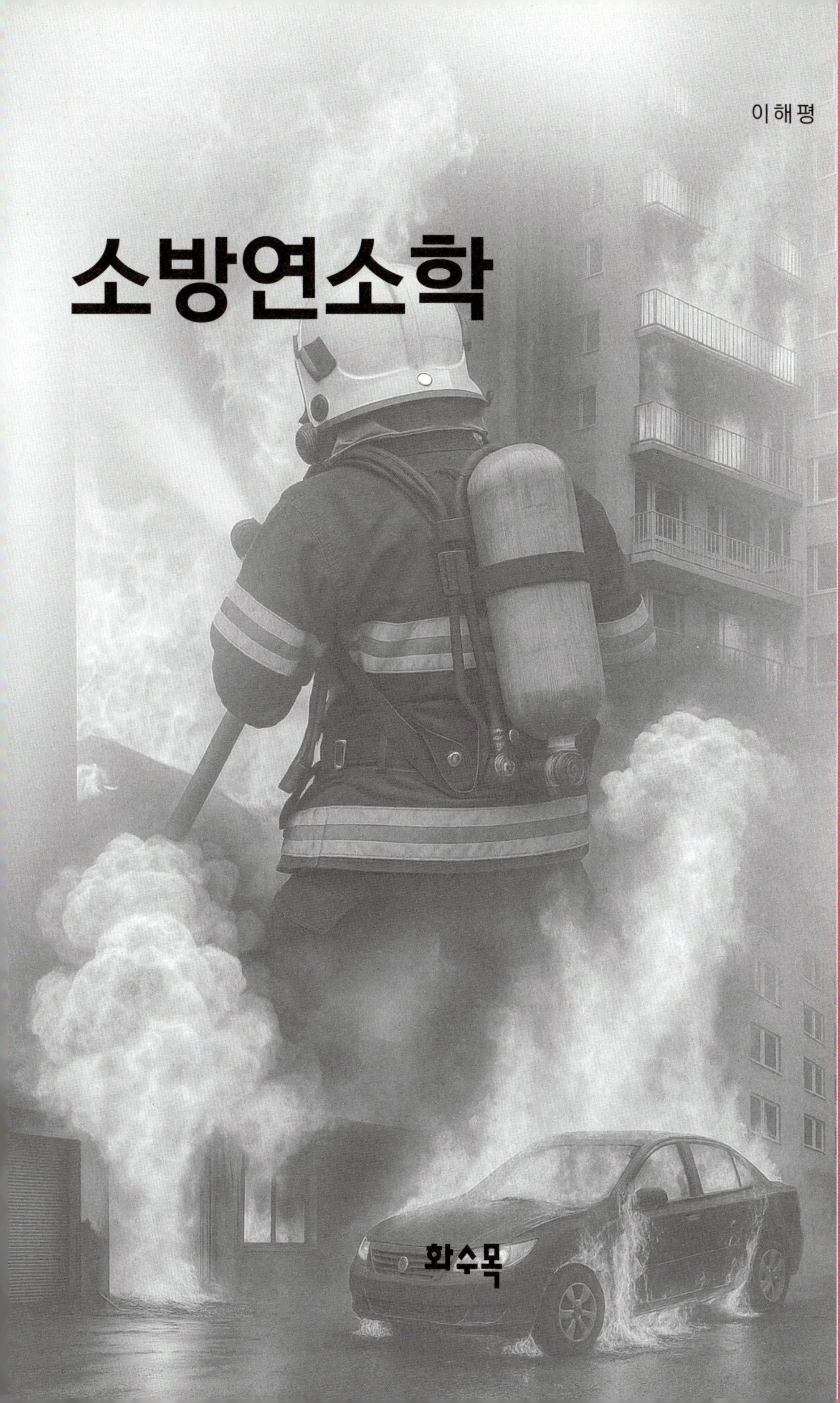

화수목

Preface

오늘날 우리 주변에서 일어나는 재난은 갈수록 규모가 커지고(대형화), 여러 요소가 얽혀(복합화), 형태도 다양하게 변하고 있습니다(다양화). 이러한 재난 중에서도 특히 화재로 인한 피해는 인명과 재산, 그리고 사회 전반에 막대한 손실을 초래합니다. 화재는 한순간에 건축물을 무너뜨리고 소중한 생명을 앗아갈 수 있을 뿐 아니라, 재산 피해나 환경 오염, 심리적 충격 등 그 여파가 매우 큽니다. 따라서 우리가 살아가는 공동체를 안전하게 지키기 위해서는 화재 현상을 깊이 이해하고 이를 토대로 적절한 예방 및 대응책을 마련할 필요가 있습니다.

화재의 특징을 분석하고 이해하려면, 먼저 연소 현상을 제대로 파악하는 것이 필수적입니다. 연소는 기체, 액체, 고체 등 물질이 산소와 화학반응을 일으키면서 열과 빛을 방출하는 과정인데, 이는 화재가 발생하고 번지는 데 있어 가장 근본적인 메커니즘이라 할 수 있습니다. 화재 안전 분야에서 연소 현상을 잘 이해한다는 것은, 불꽃이 발생하고 확산되는 원리를 파악할 수 있을 뿐 아니라, 연소 시 생성되는 유해 물질이나 열 방출 특성 등에 대한 예측과 대비가 가능해진다는 점에서 매우 중요합니다.

이렇듯 화재로부터의 피해를 줄이기 위해서는 연소공학을 체계적으로 학습하고 활용하는 과정이 반드시 필요합니다. 연소공학에서는 불이 붙는 원리부터 시작해, 화재가 확산되는 경로와 속도를 예측하고, 이를 효과적으로 제어하거나 진압하는 방법을 연구합니다. 이러한 지식과 기술이 뒷받침될 때 우리는 화재가 일어나기 전 예방 단계를 강화할 수 있고, 만약 화재가 발생하더라도 신속하고 효율적으로 진화 활동을 펼쳐 피해를 최소화할 수 있습니다.

한편, 연소공학은 기계공학, 화학공학, 항공우주공학 등 다양한 학문 분야에서 널리 응용됩니다. 하지만 각 분야마다 요구되는 지식과 활용 목적이 다르기 때문에, 다루는 내용 역시 조금씩 차이가 납니다. 예를 들어 기계공학에서는 엔진이나 가스터빈 등 동력 장치의 효율 및 안정성 측면에 집중하고, 화학공학에서는 반응 공정 및 촉매 작용에 대한 연구가 비중을 차지합니다. 반면, 소방 분야에서는 화재의 예방과 진압, 피난 및 구조 등 실질적인 재난 대응 능력을 높이는 데 중점을 두게 됩니다. 따라서 본 교재는 소방연소학을 전문적으로 학습하고자 하는 학생들의 필요에 맞추어, 이론은 물론 실무와 긴밀히 연계된 내용을 중심으로 구성하였습니다.

특히 이 교재는 너무 복잡하고 어려운 공식이나 이론을 늘어놓기보다, 학생들이 연소공학의 핵심 내용을 직관적으로 이해할 수 있도록 간결하고 알기 쉽게 정리하는 데 주력하였습니다. 실제 화재 현장에서 활용될 수 있는 지식을 중심으로, 연소의 기초 개념부터 화재 예방 및 소화 기술까지 차근차근 단계적으로 다룰 예정입니다. 이를 통해 학습자들이 '왜 불이 붙고, 어떻게 번지며, 어떤 방식으로 막을 수 있는가?'라는 근본적인 질문에 대해 체계적으로 답을 찾을 수 있게 될 것입니다.

더 나아가, 학교에서 학습한 이론을 바탕으로 실습이나 모의 시뮬레이션 등을 병행하면, 화재 상황을 보다 입체적으로 이해하고 현장 대응 역량도 키울 수 있을 것입니다. 불은 그 위력만큼이나 신비롭고, 그 위험성만큼이나 과학적으로 탐구할 부분도 많습니다. 본 교재를 통해 여러분이 연소공학에 대해 흥미를 갖고, 궁극적으로는 화재 안전 전문가로서 역량을 키워나가길 기대합니다.

마지막으로, 이 책이 세상에 나오기까지 아낌없는 지원과 협조를 해주신 도서출판 화수목 임직원 여러분께 진심으로 감사의 마음을 전합니다. 그분들의 전문성과 열정이 더해져, 본 교재가 더욱 알차고 생동감 있게 완성될 수 있었습니다. 소방연소학이라는 다소 어렵게 느껴질 수 있는 분야가, 이 교재를 통해 보다 많은 학생들에게 가까워지고 이해하기 쉬운 학문으로 다가가길 바랍니다. 무엇보다 화재로 인한 인명 및 재산 피해를 줄이는 데에 조금이나마 기여할 수 있다면, 그보다 큰 보람은 없을 것입니다.

본 교재를 펼치는 모든 독자 여러분이 연소공학과 함께 한 걸음 더 성장하여, 앞으로의 소방 분야를 이끌어갈 창의적이고 실무에 강한 전문가로 거듭나길 기대하겠습니다. 감사합니다.

Contents

Chapter 05 연소의 형태

Chapter 06 폭발

CHAPTER 01

기초과학

1 기초수학
2 기초물리
3 기초화학

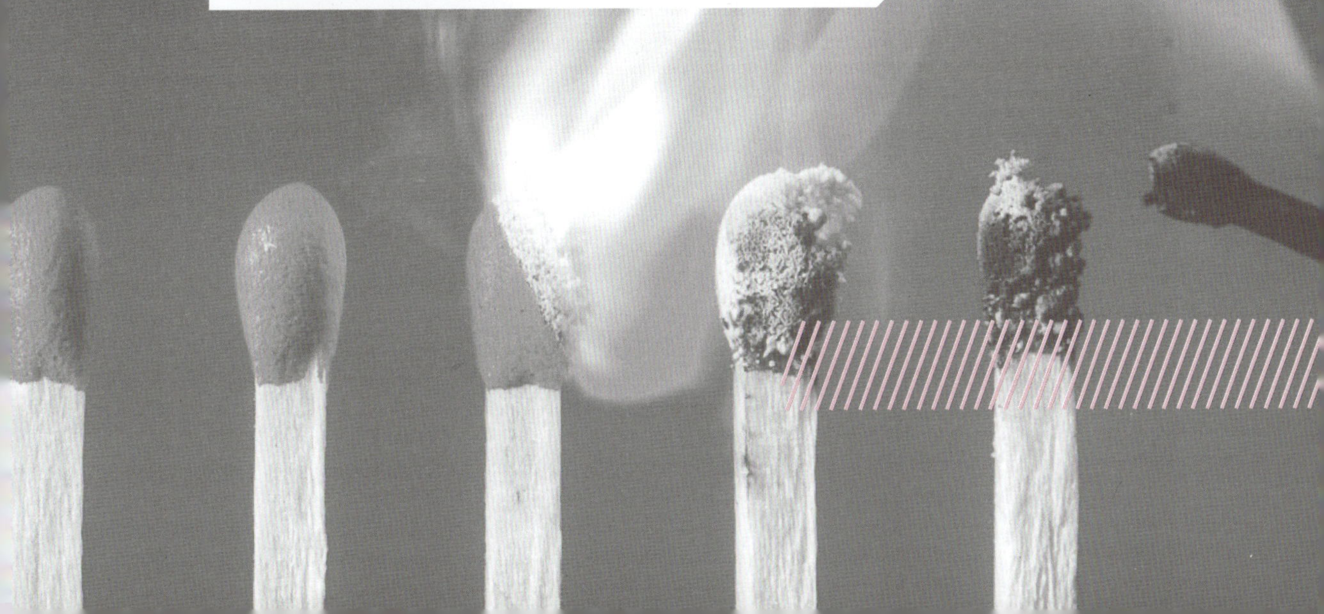

CHAPTER 01

기초과학

학습목표

- 기초수학은 유효숫자, 변화율(도함수와 플럭스), 차원과 단위에 대해서 학습한다.
- 기초물리는 물질과 물체, 물성에 대해서 학습한다.
- 기초화학은 물질의 구조, 화학반응, 유기화합물, 화재위험물에 대해서 학습한다.

1 기초수학

1.1 유효숫자

일상생활뿐만 아니라 학문에서 계(system)의 상태나 양을 표현할 때, 정성적인 표현과 정량적인 표현을 이용한다. 정량적인 표현에서 양은 수(number)를 통해서 나타내며, 계의 규칙과 특성을 수학식으로 나타낸 것을 수식(mathematical expression)이라고 한다. 수식에 자료를 대입해서 계산을 통해 얻은 결괏값도 수로 나타내는데, 이 결괏값이 무한소수일 경우에는 표현하는 방법에 따라 오차가 발생한다.

- 계(systems) : 관심의 대상이 되는 것으로서 일정한 목적을 달성하기 위해서 질서가 잡힌 요소의 모임 또는 그들 요소가 합리적으로 연계 동작해 문제 처리를 실행하는 수단과 규칙을 의미한다. 이 경우의 요소로는 기계와 설비 외에 이들을 운용하는 인간, 기술, 정보 등 형상이 없는 것까지 포함[1)]
- 주변(surroundings) 또는 환경(environments) : 계를 둘러싼 주변의 상태나 요소의 모임으로서 계를 제외한 나머지는 모두 해당
- 정성적 표현(qualitative expression) : 물질의 성분이나 성질에 관한 것을 나타내는 것으로 '많다', '적다', '크다', '작다' 등과 같은 '~어떠하다'라는 의미를 나타내는 표현
- 정량적 표현(quantitative expression) : 물질의 양에 관한 것을 나타내는

1) [네이버 지식백과] 시스템 (환경공학 용어사전, 1996.4, 환경용어연구회).

것으로 '하나', '두 시간', '6×10^{23}개', '50㎏' 등과 같은 '~얼마나'의 의미를 나타내는 표현

1. 유효숫자의 개념

유효숫자(significant figure)[2]는 측정값이나 계산 값에서 오차를 고려해도 신뢰할 수 있는 숫자를 말하며, 유효숫자의 자릿수는 때에 따라서는 측정 단위에 영향을 받는다.

예제 1-1

$\dfrac{10-6}{5/\sqrt{200}}$ 을 소수점 3자리까지 계산하시오.

풀이

(1) $\dfrac{10-6}{5/\sqrt{200}} = (10-6) \times \dfrac{1}{5} \times \sqrt{200} = 11.3137085 \cdots \fallingdotseq 11.314$

(2) $\dfrac{10-6}{5/\sqrt{200}} = (10-6) \div \left(\dfrac{5}{\sqrt{200}}\right) = \dfrac{4}{0.3535553 \cdots} \fallingdotseq \dfrac{4}{0.354}$

$= 11.29943503 \cdots \fallingdotseq 11.299$

풀이 (1)과 (2)는 같은 계산식을 순서를 달리해서 계산한 것인데 풀이 (2)는 계산 중간에 반올림한 근삿값을 이용함으로써 최종 결괏값이 0.015만큼 차이가 발생한다.

예제 1-1에서 두 가지 풀이 방법으로 구한 결과는 모두 근삿값이므로 어떤 값이 정답이라고 단정 지을 수 없으므로 근삿값일 경우에는 유효숫자의 개념이 필요하다. 유효숫자는 '의미가 있는', '믿을 수 있는', '확정적인', '유효한 수'라는 뜻인데 보다 상세한 공식적인 의미는 다음과 같다.[3]

- 근삿값을 구할 때 반올림 등에 의하여 처리되지 않은 부분
- 오차를 고려해도 신뢰할 수 있는 숫자를 자릿수로 나타낸 것
- 유효숫자의 가장 끝자리 숫자는 그다음 자리의 숫자를 반올림하여 생기는 정도의 오차는 포함하는 것으로 생각함

2) [네이버 지식백과] 유효숫자 [Significant figure, Significant digit] (물리학백과).
3) 정수일(2008), '유효숫자의 개념', 표준논단, 2월호, pp. 15-19, 지식경제부 기술표준원.

- 유효숫자는 소수점의 위치와는 무관함
- 일반적으로, 유효숫자의 부분을 따로 떼어서 정수 부분이 한자리인 소수로 쓰고, 소수점의 위치는 10의 거듭제곱으로 나타냄

유효숫자의 활용에서 주로 문제가 되는 것은 유효숫자의 값보다는 그 자릿수이며, 다음과 같이 정의한다.

- 유효숫자의 자릿수 = 확정적인 숫자의 자릿수 + (그 아래쪽의 불확정적인 숫자 중의 첫 번째) 한 자리
- 유효숫자의 자릿수 = 믿을 수 있는 숫자의 자릿수 + (그 아래쪽의 믿을 수 없는 숫자 중의 첫 번째) 한 자리

표 1.1 유효숫자의 자릿수

근삿값	유효숫자	유효숫자의 자릿수
150,000	1.5×10^5	2
150,000	1.50×10^5	3
150,000	1.500×10^5	4
0.015	1.5×10^{-2}	2
0.0150	1.50×10^{-2}	3

예제 1-2

측정오차가 ±0.5인 측정에서 145.23의 측정값을 얻었을 때, 유효숫자에 관해서 설명하시오.[4)]

풀이

참값은 144.73과 145.73 사이에 있는데 참값의 소수점 아래 첫째 자리와 둘째 자리는 0~9의 어느 숫자라도 가능하므로 측정값 145.23 가운데 뒤의 두 숫자 2와 3은 전혀 의미가 없는 숫자이다. 그러나 참값에서 앞의 두 숫자는 항상 1과 4이므로 이 두 숫자는 신뢰할 수 있는 숫자이고 세 번째 숫자는 4이거나 5이므로 상당히 믿을 수 있는 숫자이다. 이 경우 측정값의 유효숫자는 앞의 세 숫자 1, 4과 5라고 할 수 있다. 0이 아닌 첫 자리보다 높은 자리의 0은 유효숫자로 보지 않는다. 예를 들어 00145.23에서 앞의 0 두 개는 신뢰할 수 있는 숫자이지만 유효숫자라고 하지 않는다.

4) [네이버 지식백과] 유효숫자 [Significant figure, Significant digit] (물리학백과).

측정값이나 근삿값을 표기할 때는 유효숫자만 표기하는데 예를 들어 2.54란 수에는 유효숫자가 2, 5, 4의 3개가 있고, 오차의 한계를 주지 않으면 오차의 한계는 마지막 자리의 절반인 ±0.005가 되어, 이 수가 나타내는 참값은 2.535와 2.545 사이에 있다고 간주한다. 즉, 참값은 소수점 아래 셋째 자리에서 반올림하여 2.54가 되는 수 중 하나이다.

그런데, 150이란 근삿값의 경우, 0이 유효숫자 0인지 자릿수를 나타내기 위한 0인지 분명하지 않다. 즉, 세 자리 모두 유효숫자인 경우에도 150으로 표기하고, 1과 5만 유효숫자라고 해도 1이 백의 자리 숫자임을 나타내기 위해 150으로 표기한다. 따라서 유효숫자 0과 자릿수를 나타내기 위한 0을 명확히 구분하기 위해, 유효숫자는 정수 부분이 한자리인 소수로 쓰고 자릿수는 10의 거듭제곱으로 표시하는 방법을 쓴다. 150을 1.5×10^2으로 쓰면 1과 5만 유효숫자가 되어 참값은 145와 155 사이에 있게 되고, 1.50×10^2으로 쓰면 유효숫자는 3개가 되어 참값은 149.5와 150.5 사이에 있게 된다.

2. 유효숫자의 계산 방법[5)]

확정적인 숫자에 불확정적인 숫자를 더하거나 빼면 불확정적인 숫자가 되는데 덧셈과 뺄셈의 경우에는 통상적으로 계산을 한 다음, 더하거나 빼는 숫자들 가운데 유효숫자의 마지막 숫자가 가장 왼쪽에 있는, 즉 유효숫자의 꼬리가 가장 짧은 위치까지로 유효숫자를 구한다. 본 절에서는 확정적인 숫자를 정자체로, 불확정적인 숫자를 밑줄 친 경사체로 표기해서 설명하고자 한다. 예를 들면, $1.2\underline{3} + 2.\underline{3} + 3{,}45\underline{6} = 3{,}45\underline{9.53}$ 은 반올림 처리하여 유효숫자 4자리인 $3{,}46\underline{0}$으로 표현한다.

곱셈의 경우에는 다양한 논리나 설명 방법들이 있지만 여기서는 $5.7\underline{4} \times 3.\underline{8}$ 곱셈을 예로 들어 비교적 간단한 4가지 처리 방법에 관해서 설명한다.

5) 정수일(2008), '유효숫자의 계산 방법 및 수치맺음법', 표준논단, 3월호, pp. 9-13, 지식경제부 기술표준원.

1) 상대오차의 사용 방법

$5.7\underline{4} \times 3.\underline{8} = 21.812$의 계산에서 $5.7\underline{4}$는 5.735~5.745이므로 오차는 ±0.005이며, 이는 $5.7\underline{4}$의 0.00087(0.005 ÷ 5.74)이고, $3.\underline{8}$은 3.75~3.85이므로 오차는 ±0.05이며, 이는 $3.\underline{8}$의 0.013(0.05 ÷ 3.8)이다. 분산의 가성성(오차의 전파법칙)에 의해 $5.7\underline{4} \times 3.\underline{8}$의 (최대)오차는 $0.013((0.00087^2 + 0.013^2)^{0.5})$이다. 따라서 곱셈한 결과의 오차는 $21.812 \times 0.013 = 0.284$가 된다. 그러므로 21.812 ± 0.284 → 21.528~22.095 → $2\underline{2}$의 결과를 얻을 수 있다. 여러 개의 숫자를 곱하는 경우에도 유사하게 처리하면 될 것이며, 가장 합리적인 방법이지만 곱하는 숫자의 개수가 증가하면 매우 번거로워 실용성이 없는 방법이다.

2) 최소값 및 최대값의 사용 방법

$5.7\underline{4} \times 3.\underline{8}$의 계산에서 $5.7\underline{4}$는 5.735~5.745이고, $3.\underline{8}$은 3.75~3.85이므로 가능한 최소값 및 최대값은 각각 $5.735 \times 3.75 = 21.50625$ 및 $5.745 \times 3.85 = 22.11825$이다. 따라서 $5.7\underline{4} \times 3.\underline{8}$ → $2\underline{1.50625}$~$2\underline{2.11825}$ → $2\underline{2}$의 결과를 얻을 수 있다. 여러 개의 숫자를 곱하는 경우에도 유사하게 처리하면 되지만, 분포의 개념을 무시한 너무 극단적인 방법이며, 곱하는 숫자의 개수가 증가하면 매우 번거로워 역시 실용성이 없는 방법이다.

3) 확정성(신빙성)의 이용 방법

확정적인 숫자에 불확정적인 숫자를 곱하면 불확정적인 숫자가 될 것이라는 점과 $5.7\underline{4} \times 3.\underline{8} = 21.\underline{812}$와 같은 곱셈 방법을 생각하면 $21.\underline{8}$이 되지만 곱하는 숫자의 개수가 증가하면 역시 매우 번거로워져 실용성이 없는 방법이다.

4) 실용적인 개략법

$5.7\underline{4} \times 3.\underline{8}$의 계산에서 $5.7\underline{4}$의 유효숫자 자릿수는 3자리이고, $3.\underline{8}$의 유효숫자 자릿수는 2자리이다. 이들 중 유효숫자 자릿수가 적은 2자리로 계산을 마무리하는 방법이며, 여러 개의 숫자를 곱할 때도 유사하게 처리하면 된다. 곱하는 숫자의 개수가 증가하더라도 쉽게 처리할 수 있는 매

우 실용적인 방법이며, 결과는 앞에서의 3가지 방법과 비교해 손색이 없다.

따라서 곱셈 및 나눗셈, 평방근 및 멱승 계산의 경우에는 통상적으로 곱셈과 나눗셈을 한 다음, 곱셈과 나눗셈을 하는 숫자들 가운데 유효숫자의 자릿수가 가장 적은 숫자의 자릿수로 유효숫자를 구한다.

예제 1-3

4.76×10^2과 5.324×10^4의 덧셈과 곱셈의 유효숫자에 관해서 설명하시오.[6)]

풀이

(1) 일반적으로 덧셈이나 뺄셈 유효숫자의 가장 낮은 자리는 두 수의 유효숫자의 가장 낮은 자리 중 높은 쪽을 따른다. 참값은 각각 475.5~476.5와 53,235~53,245이므로, 덧셈 결과의 참값은 53,710.5~53,721.5가 되어 계산 결과의 유효숫자는 4개이다. 여기서, 5.324×10^4의 유효숫자의 가장 낮은 자리는 십 자리이고 4.76×10^2의 유효숫자의 가장 낮은 자리는 일자리이므로, 덧셈 결과의 유효숫자의 가장 낮은 자리는 십 자리가 되어 계산 결과는 5.372×10^4이다.

(2) 일반적으로 곱셈이나 나눗셈의 결과의 유효숫자의 개수는 두 수의 유효숫자의 개수 중 적은 쪽을 따른다. 참값은 각각 53,235~53,245와 475.5~476.5이므로, 곱셈 결과의 참값은 25,313,242.5~25,371,242.5이다. 네 번째 숫자가 1~7의 범위를 가지므로 신뢰할 수 없다고 판단하고, 계산 결과의 유효숫자는 3개로 본다. 5.324×10^4의 유효숫자의 개수는 4이고 4.76×10^2의 유효숫자의 개수는 3이므로, 곱셈 결과의 유효숫자의 개수는 3이 되어 계산 결과는 2.53×10^7이다.

3. 반올림 방법[7)]

반올림 방법은 어떤 자리로 반올림할 때, 그 자리 아래의 수치가 5, 50, 500, …일 때를 제외하면 통상적인 4사 5입(수치의 어떤 자리의 수가 4 이하일 때는 이를 버리고, 5 이상일 때는 이를 올려 앞자리의 수에 1을 더하여, 어떤 자리 이하를 처리하는 일)의 방법과 같다. 앞에서 언급한 제외된 경우에서의 처리 방법을 포함하고 있는 어떤 수치를 유효숫자 n자

6) [네이버 지식백과] 유효숫자 [Significant figure, Significant digit] (물리학백과).

7) 정수일(2008), '유효숫자의 계산 방법 및 수치맺음법', 표준논단, 3월호, pp. 9-13, 지식경제부 기술표준원.

리의 수치로 반올림하거나 소수점 이하 n자리의 수치로 반올림할 때는 $n+1$째 자리 이하의 수치를 다음과 같이 정리한다.[8)]

1) $n+1$째 자리 이하의 수치가 n째 자리의 1단위의 1/2 미만일 때는 버림

예			
	1.23	(유효숫자 2자리로)	→ 1.2
	1.2344	(유효숫자 3자리로)	→ 1.23
	1.2344	(소수점 이하 3자리로)	→ 1.234

2) $n+1$째 자리 이하의 수치가 n째 자리의 1단위의 1/2을 초과할 때는 n째 자리를 1단위만 올림

예			
	1.26	(유효숫자 2자리로)	→ 1.3
	1.2501	(유효숫자 2자리로)	→ 1.3
	1.2967	(유효숫자 3자리로)	→ 1.30
	1.2967	(소수점 이하 3자리로)	→ 1.297

3) $n+1$째 자리 이하의 수치가 n째 자리의 1단위의 1/2이든가 또는 n째 자리의 1단위의 1/2이고 $n+1$째 자리 이하의 수치가 버려진 것인지 올려진 것인지 모를 때는

n째 자리의 수치가 0, 2, 4, 6, 8이면 버림

예			
	0.105	(유효숫자 2자리로)	→ 0.10
	1.450	(유효숫자 2자리로)	→ 1.4
	1.25	(유효숫자 2자리로)	→ 1.2
	0.0625	(소수점 이하 3자리로)	→ 0.062

n째 자리의 수치가 1, 3, 5, 7, 9이면 n째 자리를 1단위만 올림

예			
	0.0955	(유효숫자 2자리로)	→ 0.096
	1.350	(유효숫자 2자리로)	→ 1.4
	1.15	(유효숫자 2자리로)	→ 1.2
	0.095	(소수점 이하 2자리로)	→ 0.10

8) KS A 3251-1 : 2006, 데이터의 통계적 해석방법 - 제1부 : 데이터의 통계적 기술.

4) $n+1$째 자리 이하의 수치가 버려진 것인지 올려진 것인지 알 때는 1) 또는 2)에 따름

예 2.35(←2.347) (유효숫자 2자리로) → 2.3
2.45(←2.452) (유효숫자 2자리로) → 2.5
4.185(←4.1852) (소수점 이하 2자리로) → 4.19

1.2 변화율[9)]

함수의 그래프 위의 한 점이 x값의 변화에 따라 이동할 때 함숫값 $f(x)$도 함께 변하는데 이때 x의 변화량에 따른 함숫값 $f(x)$의 변화량을 '**변화율**(rate of change)'이라 하는데 변화율을 구하는 방법에 따라 평균변화율과 순간변화율로 구분한다.

1. 평균변화율[10)]

평균변화율(average rate of change)은 독립변수의 변화량에 따른 종속변수 변화량의 비로서 주로 함수에서 두 점 사이의 기울기로 이해된다. 평균변화율에 극한을 적용하여 순간변화율과 **미분계수**(differential coefficient)가 정의되므로, 평균변화율은 미분의 개념을 정립하는 데 중요한 기초가 된다.

평균변화율은 x값의 변화량 분의 함숫값 $f(x)$의 변화량으로, 그림 1.1과 같은 함수 $f(x)=x^2$의 그래프 위의 한 점 A(1, 1)를 다른 점 B(2, 4)로 이동시킨다고 가정해 보자.

점 A에서 점 B로 이동하는 사이 x값은 $x=1$에서 $x=2$로 1만큼 증가했고, 함숫값 $f(x)$는 $f(1)=1$에서 $f(2)=4$로 3만큼 증가한 것을 볼 수 있다. 평균변화율은 아래와 같은 계산식에 따라 3으로 구해진다.

$$\text{평균변화율} = f(x)\text{의 변화량}/x\text{의 변화량} = 3/1 = 3 \qquad (1.1)$$

9) [네이버 지식백과] 변화율 [Rate of Change, 變化率] (두산백과).
10) [네이버 지식백과] 평균변화율 (수학백과, 2015.5).

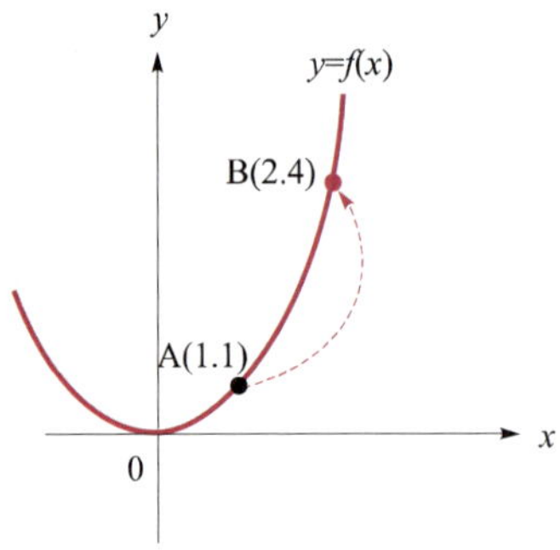

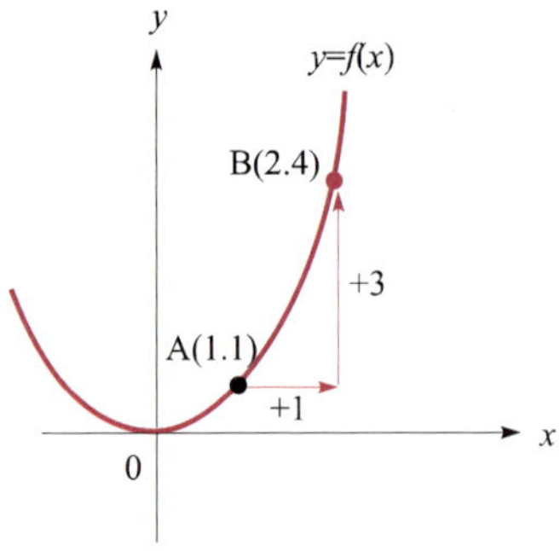

그림 1.1 $f(x) = x^2$

사실 평균변화율은 직선의 기울기를 구하는 방법과 같다. 그림 1.1의 그래프에서 점 A와 점 B를 지나는 직선의 기울기를 구할 때도 (y값의 증가량)/(x값의 증가량)으로 구하는데 이는 위의 평균변화율 공식 (1.1) 과 같다.

평균변화율은 두 점 사이에 평균적으로 얼마나 변화량이 있었는가에 주목한다. 시작하는 점 A가 있는 위치의 그래프의 곡선 모양 변화도, 끝나는 점 B가 있는 위치에서 그래프의 곡선 모양 변화도 중요하지 않다. 오로지 점 A와 점 B 사이의 평균적인 변화량에만 주목하기 때문에 점 A와 점 B 사이에 함수의 어떤 변화가 있었는지는 알 수 없다. 예를 들어 그림 1.2와 같은 그래프가 있다고 가정해 보자.

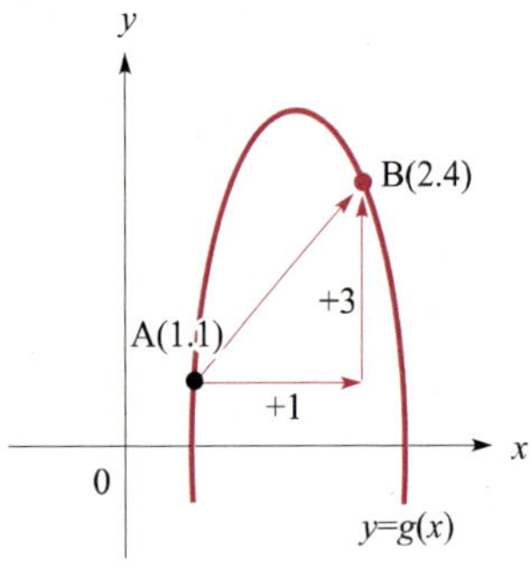

그림 1.2 $y = g(x)$

이 함수 $g(x)$의 그래프는 위의 함수 $f(x)$와는 전혀 다른 함수의 그래프이지만, 이 그래프도 여전히 점 A(1, 1)가 점 B(2, 4)를 지나고 있으므로 두 점 A, B 사이의 평균변화율은 3으로 같다.

평균변화율에 대한 공식을 일반화하면 함수 $y = f(x)$ 위의 두 점 $(x_0, f(x_0))$와 $(x_1, f(x_1))$이 있을 때 두 점 간의 변화량은 $\Delta x = x_1 - x_0$, 함숫값의 변화량은 $\Delta f(x) = f(x_1) - f(x_0)$ 로 표시할 수 있다.

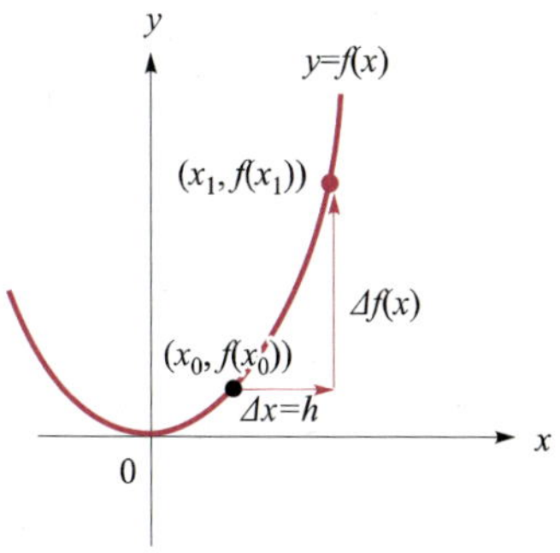

그림 1.3 평균변화율

$$\text{평균변화율} = \frac{f(x_1)-f(x_0)}{x_1-x_0} = \frac{\Delta f(x)}{\Delta x} \tag{1.2}$$

여기서 $\Delta x = x_1 - x_0$ 이므로 x_0을 좌변으로 이항하면 $x_1 = x_0 + \Delta x$ 가 된다. 이 Δx 를 h로 치환하면 $x_1 = x_0 + h$가 된다.

h를 사용하여 평균변화율 공식을 다시 정리하면, 다음과 같다.

$$\begin{aligned}\text{평균변화율} &= \frac{f(x_1)-f(x_0)}{x_1-x_0} \\ &= \frac{f(x_0+h)-f(x_0)}{(x_0+h)-x_0} \\ &= \frac{f(x_0+h)-f(x_0)}{h}\end{aligned} \tag{1.3}$$

2. 순간변화율[11)]

순간변화율(instantaneous rate of change) 또는 **미분계수**(differential coefficient)는 말 그대로 주어진 점에서 함수의 순간적인 변화율을 말한다. 순간적인 변화율은 아주 짧은 찰나의 변화율을 의미하는데 이는 변화율을 측정하는 폭을 아주 작아질 때까지 좁혀가면서 관찰할 수 있다. 함수 $f(x)=x^2$ 위의 점 A(1, 1)에서의 순간변화율을 구하기 위해 점 B를 $B_1 \rightarrow B_2 \rightarrow B_3 \rightarrow B_4 \rightarrow \cdots$와 같이 점 A에 가까워지도록 이동시킨다. 이때 점 B가 점 A에 가까워질수록 점 A와 B 사이의 평균변화율을 살펴보면, x의 변화량인 $\Delta x = h$ 의 크기는 점점 작아지고 점 A와 점 B가 이루는 직선의 기울기는 점점 점 A 부근의 함수의 그래프의 각도와 비슷해진다.

11) [네이버 지식백과] 평균변화율 (수학백과, 2015.5).

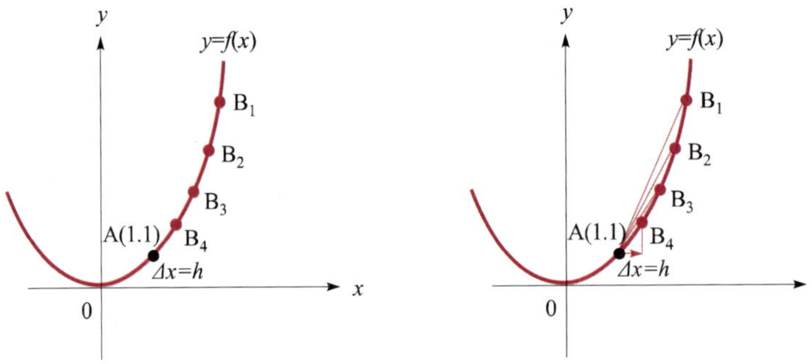

그림 1.4 순간변화율

점 B를 점 A에 매우 가까워지게 계속 이동시킨다면, 즉 x의 변화량인 $\Delta x = h$ 를 아주 작게 만들면 이는 수학적으로 h를 0으로 보내는(limit $h \to 0$) 극한이라 할 수 있다. 점 A와 점 B 사이의 평균 변화량 공식에 이 극한을 적용하면 평균변화율이 순간변화율로 바뀌게 된다. 함수 $f(x)$에 대한 점 A(1, 1)에서의 순간변화율 $f'(1)$은 다음과 같이 구할 수 있다.

$$f'(1) = \lim_{h \to 0} \frac{f(1+h) - f(1)}{h} = \lim_{h \to 0} \frac{(1+h)^2 - 1^2}{h} \tag{1.4}$$
$$= \lim_{h \to 0} \frac{1 + h^2 + 2h - 1}{h} = \lim_{h \to 0}(h+2) = 2$$

순간변화율을 구하는 공식은 함수 $f(x)$ 위의 점 $(x_0, f(x_0))$로 하여 다음과 같이 일반화할 수 있다.

$$f'(x_0) = \lim_{h \to 0} \frac{f(x_0 + h) - f(x_0)}{h} \tag{1.5}$$

순간변화율 $f'(x_0)$는 함수 $f(x)$의 $x = x_0$에서의 미분계수라고도 한다. 순간변화율은 미분의 이해를 위한 기본적인 개념이며 순간속도 등의 물리량을 구하거나 경제학 등에서 주어진 자료의 순간변화율을 구하고자 할 때 자주 이용되는 개념이다.

3. 변화율(도함수)의 표시법

변화율(도함수)의 표기 방법에 대해서 살펴보면, 길이 등과 같은 물리량에 대한 변수와 시간 변수에 대한 도함수를 구분해서 표기하는 경우가 있다. 길이 등의 물리량에 대한 임의의 함수 $y=f(x)$의 도함수는 $y'(x)=\frac{dy}{dx}=f'(x)=\frac{df}{dx}$ 등으로 표현하며, 시간에 대한 임의의 함수 $y=f(t)$의 도함수는 $\dot{y}(t)=\frac{dy}{dt}=\dot{f}(t)=\frac{df}{dt}$ 등으로 표현한다. 편도함수는 편미분 기호 '∂'를 사용하거나 아래첨자 등을 사용하는데 임의의 함수 $f(x,y)=c$(상수)의 편도함수는 $f_x=\frac{\partial f}{\partial x}$, $f_y=\frac{\partial f}{\partial y}$, $f_{xy}=\frac{\partial^2 f}{\partial y \partial x}$와 같이 나타낸다.

4. 플럭스[12)]

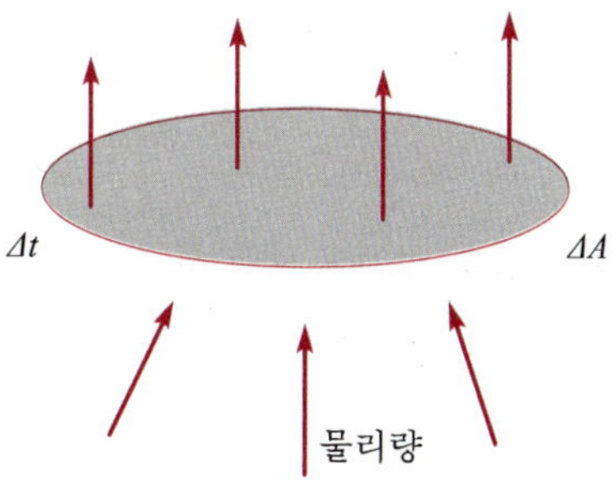

그림 1.5 플럭스(flux)

플럭스(flux)는 주어진 방향에 대하여 수직인 단위면적을 통하여 단위 시간당 특정 물리량이 수송되는 비율을 말하며, **플럭스밀도**라고도 한다. 이 경우에 물리량은 에너지, 질량, 열, 운동량, 그리고 수증기 등이 될 수 있다. 어떤 표면(또는 검출기)에 들어오는 에너지의 플럭스란, 단위시간에 단위면적으로 진동수의 단위 구간으로 흐르는 에너지양을 말한다.

열플럭스(heat flux)[13)]는 **열 유속** 또는 **열 속**이라고도 하며, 단위 시간당 단위면적을 통하여 이동한 열에너지의 양을 말하며, 정확한 표현은 **열플럭스 밀도(heat flux density)**이다. 이를 SI 단위로 표시하면 $J \cdot m^{-2} \cdot s^{-1}$ 또는 $W \cdot m^{-2}$이다. **열 수지(heat balance)**는 여러 형태의 열에너지 흐름을 정량적으로 표시한 열플럭스로 구성되며, 어떤 물체에 열에너지가 들어오는 양과 나가는 양, 그리고 저장되는 양 사이의 관계에서 이루어지는 열평형을 말한다.

12) [네이버 지식백과] 플럭스 [flux] (지구과학사전, 2009. 08. 30., (사)한국지구과학회).
13) [네이버 지식백과] 열플럭스 [熱—, heat flux] (토양사전, 2000. 10. 15., 류순호).

1.3 차원과 단위[14)]

표 1.2 단위계의 접두어

배수	접두어	배수	접두어
10^{24}	Z(zetta)	10^{-1}	d(deci)
10^{21}	Y(yotta)	10^{-2}	c(centi)
10^{18}	E(exa)	10^{-3}	m(milli)
10^{15}	P(peta)	10^{-6}	μ(micro)
10^{12}	T(tera)	10^{-9}	n(nano)
10^{9}	G(giga)	10^{-12}	p(pico)
10^{6}	M(mega)	10^{-15}	f(femto)
10^{3}	k(kilo)	10^{-18}	a(atto)
10^{2}	h(hecto)	10^{-21}	z(zepto)
10	da(deca)	10^{-24}	y(yocto)

1. 차원(dimension)

일반적인 양의 측정값이 길이, 질량, 시간 등 기본량의 측정값에 어떻게 관계하는지를 나타내는 지수로서 역학량은 길이, 질량, 시간을 기본량으로 하여 나타낼 수 있으며, 각각을 L, M, T라 하면 일반적으로 $[L^x, M^y, T^z]$인 형태로 나타낼 수 있는데, x, y, z를 각각의 기본량의 **차원**이라고 한다. 면적은 $[L^2]$, 속도는 $[LT^{-1}]$, 에너지는 $[ML^2T^{-2}]$이라는 차원을 가진다. 열에 관한 양에서는 열량 H, 온도 θ를 독립량으로 하여 도입한다.

예제 1-4

다음에 주어진 물리량에 대해서 각각 차원식을 제시하고 차원을 결정하라.

(1) 질량(m) × 속도(u) (2) 힘(F) × 체적(V)

풀이

(1) 질량(m) × 속도(u)

$$m : [\mathrm{M}]$$

$$u = \frac{ds}{dt} : \frac{[\mathrm{L}]}{[\mathrm{T}]} = [\mathrm{LT}^{-1}]$$

$$mu : [\mathrm{M}] \cdot [\mathrm{LT}^{-1}] = [\mathrm{MLT}^{-1}]$$

(2) 힘(F) × 체적(V)

$$F = ma : [\mathrm{M}] \cdot \frac{[\mathrm{L}]}{[\mathrm{T}^2]} = [\mathrm{MLT}^{-2}]$$

$$V : [\mathrm{L}^3]$$

$$FV : [\mathrm{MLT}^{-2}] \cdot [\mathrm{L}^3] = [\mathrm{ML}^4\mathrm{T}^{-2}]$$

14) 이해평, 유체역학, 도서출판 화수목(2019).

2. 단위(unit)

어떤 물리량을 측정할 때 그것과 같은 종류의 어떤 일정량을 기준으로 하여 주어진 양이 그 일정량의 몇 배가 되는가를 측정할 때 기준이 되는 일정량으로서 어떤 양에 대해서도 임의의 크기로 약속할 수 있지만, 기본이 되는 몇 개의 단위만을 정하고, 다른 양의 단위는 물리법칙 또는 그 정의에 따라 이 기본 단위를 조립한다.

1) 기본 단위와 유도 단위

기본 단위(fundamental unit)는 길이, 질량, 시간을 물리량으로 채용하는데, 각각 [㎝], [g], [s]로 나타낸 것을 **CGS 단위**, [m], [㎏], [s]로 나타낸 것을 **MKS 단위**라고 하며, 전류의 단위인 ampere[A]를 기본 단위로 한 **MKSA 단위**가 SI 단위로 결정되고 열역학적 온도 kelvin[K], 광도 candela[㏅], 물질의 양 mole[㏖]도 기본 단위로 선정된다.

길이의 기본 단위인 [m]에서 유도된 면적의 단위인 [m^2], 체적의 단위인 [m^3]이라든지 길이를 [㎝], 시간을 [s]로 할 때, 속도의 단위 [㎝/s], 가속도의 단위 [㎝/s^2]가 **유도 단위(derived unit)**이다. 힘의 단위인 Newton[N]은 길이를 [m], 질량은 [㎏], 시간은 [s] 을 조합해서 1㎏의 질량의 물체에 1m/s^2의 가속도에 해당하는 힘의 크기(1㎏ · m/s^2)로 정의한다.

2) 단위계(unit system)

(1) 국제 단위계(International System of Units, SI)

1960년의 제11회 국제도량형총회에서 미터 단위계의 국제 단위계를 채용하게 되었고 미터 단위계의 단위는 점차 SI 단위계로 통일되고 있다. SI 단위계는 미터 단위계의 MKSA 단위계를 발전시킨 것으로 길이[m], 질량[㎏], 시간[s], 전류[A]의 4개의 기본 단위에 열역학적 온도[K], 광도[㏅], 물질량[㏖]을 합쳐 7개의 단위를 SI 기본 단위로 채용하였다.

(2) 미터 단위계(metric unit)

지구 자오선 길이의 1/40,000,000을 1m, 각 모서리의 길이가 1/10m인 정육면체와 같은 체적의 4℃ 물의 질량을 1㎏, 그 체적을 1ℓ로 하고, 배량에는 그리스어, 분량에는 라틴어에서 따온 접두어 등을 각각 붙인다. 미터 단위계는 MKS 단위계, CGS 단위계, MKSA 단위계가 있다.

(3) 영국 단위계(English measuring system)[15)]

주로 영국과 미국에서 사용되고 있는 도량형 단위계로서 길이에 yd(야드), 질량에 lb(파운드), 시간에 s(초), 그리고 온도에는 화씨(℉)를 기본 단위로 삼는다. 길이에는 ft(피트), in(인치), mile(마일), 부피에는 gal(갤런), 질량에는 oz(온스) 등의 보조 단위가 있다. 미터 단위계와는 달리 십진법으로 되어 있지 않은 것이 특색이며 종래 이 단위계를 사용하던 거의 모든 나라(영국을 포함)가 법적으로는 미터 단위계로 이행하였다.

3) 절대단위계와 중력단위계[16)]

(1) 절대단위계(system of absolute units)

① MKS 단위계

길이, 질량, 시간의 단위로 각각 [m], [㎏], [s]를 기본 단위로 하는 절대단위계로서 힘의 단위로는 [N]을 사용하며, 질량 1㎏의 물체에 $1m/s^2$의 가속도가 생기게 하는 힘을 1N으로 정의한다.

$$1N = 1kg \times 1m/s^2 = 1kg \cdot m/s^2 \quad (1.6)$$

② CGS 단위계

길이, 질량, 시간의 단위로 각각 [㎝], [g], [s]를 기본 단위로 하는 절대단위계로서 힘의 단위로는 [dyn]을 사용하며, 질량 1g의 물체에 $1cm/s^2$의 가속도가 생기게 하는 힘을 1dyn으로 정의한다.

15) [네이버 지식백과] 야드-파운드법 [yard-pound system] (두산백과).

16) 최영상, 추홍록, 전흥균, 소방유체역학, 도서출판 동화기술(2013).

$$1\text{dyn} = 1\text{g} \times 1\text{cm/s}^2 = 1\text{g} \cdot \text{cm/s}^2 = 10^{-5}\text{N} \tag{1.7}$$

(2) 중력단위계(gravitational system of units)

길이, 시간의 단위는 [m]와 [s]를 사용하고 힘의 단위는 질량 1㎏의 물체에 미치는 중력, 즉 질량이 1㎏인 물체의 중량을 사용하는데 1㎏중, $1㎏_f$, $1㎏_w$라고 표시한다. 질량 m㎏인 질량체에 작용하는 지구의 중력은 다음과 같이 정의하며, 중력환산계수 g_c는 힘 [N]을 힘 [$㎏_f$]로 환산하는 계수이다.

$$F = mg \tag{1.8}$$

$$1\text{kg}_f = 1\text{kg} \times 9.81\text{m/s}^2 = 9.81\text{N} \tag{1.9}$$

$$g_c = 9.81\text{N/kg}_f \tag{1.10}$$

일의 단위는 [$㎏_f$ · m], 동력의 단위는 [$㎏_f$ · m/s], [㎾], [ps] 또는 영국 단위계의 ft · lb 단위계에서 사용되는 마력[HP](horse power) 등이 있다.

$$1\text{kW} \fallingdotseq 102\text{kg}_f \cdot \text{m/s} \tag{1.11}$$

$$1\text{ps} = 75\text{kg}_f \cdot \text{m/s} = 0.7355\text{kW} \tag{1.12}$$

$$1\text{HP} = 1.0143\text{ps} = 0.74\text{kW} = 76.07\text{kg}_f \cdot \text{m/s} \tag{1.13}$$

4) 단위 환산(unit conversion)[17)]

동일한 차원의 계산에서 사용되는 단위가 다르면 곱하고 나누는 것은 가능하지만 더하거나 빼는 것은 불가능하므로 단위를 계산하려면 단위환산을 먼저 수행해야만 한다. 단위환산을 하려면 주어진 단위와 환산하려는 단위 간 환산 인자들을 알고 있어야만 가능하며 A 단위를 B 단위로 환산할 경우, 그림 1.6과 같이 A 단위를 갖는 주어진 물리량에 A 단위와 동일양에 해당하는 B 단위로 구성된 환산 인자를 곱해줌으로써 B 단위를 갖는 물리량으로 단위 환산이 가능하다.

17) 홍영호, 기초유체역학, 도서출판 화수목(2016).

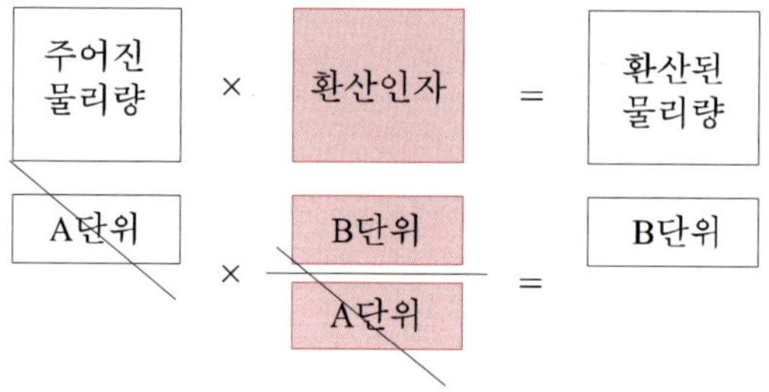

그림 1.6 단위 환산 방법

3. 길이(length)

표 1.3 길이의 단위

SI 단위계	영국 단위계
1m = 100㎝ = 1,000㎜ = 10^6㎛ 1㎞ = 1,000m	1m = 39.370in = 3.2808ft = 1.0926yd 1ft = 12in = 0.3048m 1mile = 5,280ft = 1.6093㎞ 1in = 2.54㎝

물체의 한끝에서 다른 끝까지의 공간적 거리로서 공간의 크기와 에너지 전달의 정도를 정량적으로 표현하기 위해서는 길이에 대한 기준을 표준화하는 것이 매우 중요하다. 영국 단위계에서는 ft를 길이에 대한 기본 단위로 사용하며, SI 단위계에서는 m를 기본 단위로 사용한다.

4. 면적(area)

평면의 크기를 나타내는 양으로 **넓이**라고도 한다. 2차원 공간의 직선이나 평면은 **평면적(flat)**이라 하고, 3차원 공간의 곡면에 따른 넓이를 **곡면적(surface area)**이라고 한다. 어떤 대상이 평면에서 차지하는 양을 결정하기 위한 2차원적인 척도로서 길이의 제곱으로 표시된다.

표 1.4 면적의 단위

SI 단위계	영국 단위계
$1m^2 = 10^4cm^2 = 10^6mm^2$	$1m^2 = 1,550in^2 = 10.764ft^2$ $1acre = 43,560ft^2 = 4046.86m^2$ $1yd^2 = 0.836m^2$ $1ft^2 = 144in^2 = 0.0929m^2$

5. 체적(volume)

물체가 점유하거나 구획실 내부에 포함된 총 공간을 나타내는 3차원적인 척도로서 SI 단위계에서는 m^3가 기본 단위이다. 유체의 체적에 대한 SI 단위는 ℓ 이지만 영국 단위로는 gallon이 사용되고 1gallon은 3.81 ℓ 에 해당한다. 체적은 연소학에서 여러 변수를 결정하는 데 자주 사용하는 아주 중요한 물리량이다.

표 1.5 체적의 단위

SI 단위계	영국 단위계
$1m^3$ = 1,000 ℓ = 10^6cm^3 = 10^6cc 1mℓ = $1cm^3$	$1m^3$ = $6.1024\times10^4in^3$ = $35.315ft^3$ = 264.17gal(US)

6. 질량(mass)

어떤 물체에 포함된 물질의 양으로서 장소나 상태에 따라 달라지지 않는 물질의 고유한 값이다. SI 기본 단위는 kg이지만 영국 단위계의 기본 단위는 lb이다. 어떤 물체의 **무게** 또는 **중량**(weight)은 그 물체를 이루는 양, 즉 질량에 따라 결정되므로 질량은 그 물체의 무게를 결정하는 물질의 양이므로 같은 장소에서 무게는 질량에 비례한다.

표 1.6 질량의 단위

SI 단위계	영국 단위계
1kg = 1,000g 1 metric ton = 1,000kg	1kg = 2.2046226lb $1lb_m$ = 0.45359237kg 1 ounce = 28.349g 1 slug = $32.174lb_m$ = 14.5939kg

7. 시간(time)

시각과 시각 사이의 간격 또는 그 단위를 가리키는 용어로서 시간 단위는 모든 단위계에서 동일한 것을 사용하는데 1min은 60s이고 1hr은 60min이며, 보통은 min와 s를 사용한다. 화학반응속도, 열 방출 속도, 소화약제 방출 속도는 모두 단위시간 당의 질량, 열 및 부피에 기초를 둔다.

8. 압력(pressure)

단위면적에 작용하는 힘으로서 SI 단위계와 영국 단위계에서 압력의 기본 단위는 각각 ㎩과 psi(pound per square inch)이며, 1㎩은 1N의 힘이 $1m^2$에 작용하는 것을 나타낸다. CGS 단위계로는 dyn/cm^2, MKS 단위계로는 N/m^2(=㎩)이 쓰이는데, 기상학에서는 hPa, bar,mbar, 공업상으로는 atm 또는 kgf/cm^2가 주로 쓰인다. 액주가 밑면에 미치는 압력은 액체의 밀도와 액주의 높이의 곱이 되므로, 액체를 지정(수은, 물, 알코올 등)해서 액주의 높이로 압력의 크기를 나타내는 mHg(수은주 미터), ㎜Hg(수은주밀리미터)의 단위로 표시하기도 한다.

표 1.7 압력의 단위

SI 단위계	영국 단위계
1㎩ = $1N/m^2$ 1㎜Hg = 0.1333㎪ 1㎪ = 10^3㎩ = 10^{-3}㎫ 1atm = 101.325㎪ = 1.01325bars = 760㎜Hg at 0℃ = $1.03323 kg_f/cm^2$	1㎩ = 1.4504×10^{-4}psia = $0.020886 lb_f/ft^2$ 1 psi = $144 lb_f/ft^2$ = 6.894757㎪ 1atm = 14.696psia = 29.92inHg at 30℉ 1inHg = 3.387㎪

9. 에너지(energy)

표 1.8 에너지의 단위

SI 단위계	영국 단위계
1kJ = 1,000J = 1,000N · m = 1㎪ · m^3 1kJ/㎏ = $1,000m^3/s^2$ 1㎾h = 3,600kJ 1㎈ = 4.186J 1IT㎈ = 4.1868J 1㎉ = 4.1868kJ	1kJ = 0.94782BTU 1BTU = 1.05506kJ = 5.40395psia · ft^3 = 778.169 lb_f · ft $1BTU/lb_m$ = $25.037ft^2/s^2$ = 2.326kJ/㎏ 1kJ/㎏ = $0.430BTU/lb_m$ 1㎾h = 3412.14BTU 1 therm = 10^5BTU = 1.055×10^5kJ(natural gas)

물리적인 일을 할 수 있는 능력으로서 에너지의 크기는 물체가 할 수 있는 일의 양을 의미한다. 단위는 일의 단위와 같이 줄([J]: joule)을 사용한다. 1J은 어떤 물체에 1N의 힘을 가하여 1m 이동했을 때 행해진 일을 말

하며, 1J/s를 **와트**(W)라고 한다. 1㎈는 1g의 물을 1℃ 올리는 데 필요한 에너지를 말하며 4.18J에 해당하며, BTU(British thermal unit)도 에너지 단위로서 1lb_m의 물을 1℉ 올리는데 요구되는 에너지를 말하고 1,055J 또는 252㎈에 해당한다.

10. 온도(temperature)

온도는 평균적인 운동에너지를 나타내는 척도로서 ℉(Fahrenheit)와 ℃(Celsius)가 있으며, 절대온도를 나타내는 K(Kelvin)와 R(Rankine)이 있다. SI 단위계에서 온도의 기본 단위는 K이며, K는 섭씨온도와 동일한 온도 증분을 갖고 있지만, 절대영도를 시작점으로 한다.

$$℃ = (°F - 32)/1.8 \tag{1.14}$$

$$°F = ℃ \times 1.8 + 32 \tag{1.15}$$

$$K = ℃ + 273.15 \tag{1.16}$$

$$R = °F + 459.67 \tag{1.17}$$

2 기초물리[18)]

2.1 물질과 물체

1. 물질

물질(substance)은 질량과 공간을 가진 것으로 물체의 **질량**은 그 물체를 구성하는 물질의 양을 말한다. **중량**은 질량과 다른 힘에 해당하며, 물체에 가해진 중력을 나타낸다. 즉, 중량은 물질로 이루어진 물체에 작용하는 중력에 의한 인력의 크기로서 뉴턴의 제2 법칙을 적용하여 계산할 수 있다.

$$W = m \times g \tag{1.18}$$

18) 이해평, 박영주, 연소공학, 도서출판 화수목(2018).

여기서, W는 중량[N 또는 kg_f], m은 질량[kg], g는 중력가속도[m/s^2]이다. 따라서 물질의 중량은 측정하는 장소에 따라 다르지만, 물질의 질량은 장소와 상관없이 항상 같다.

힘(force)의 기본 단위는 N이며, 1N($1kg \cdot m/s^2$)은 1kg의 물체에 작용하여 $1m/s^2$의 가속도를 발생시키는 힘을 나타낸다.

표 1.9 힘의 단위

SI 단위계	영국 단위계
$1N = 1kg \cdot m/s^2 = 10^5 dyn$ $1kg_f = 9.80665N$	$1N = 0.22481 lb_f$ $1lb_f = 32.174 lb_m \cdot ft/s^2 = 4.44822N$

물질은 고체, 액체 및 기체의 3가지 상태 중의 하나로 존재한다.

고체(solid)는 명확한 형상과 부피를 가진 물질로서 고체를 구성하는 분자들은 강한 결합력을 갖고 있어서 분자들이 아주 가깝게 배열하고 있으며, 고체를 담는 용기와 관계없이 형상을 유지할 수 있다.

액체(liquid)는 담는 용기에 따라 형상이 변하는 물질로서 액체를 구성하는 분자들의 결합력은 고체보다 약하기 때문에 액체를 담는 용기가 없으면 형상을 유지할 수 없고 공기 중으로 확산하는 경향이 없는 비압축성이며 공기보다 무겁다.

기체(gas)는 분자 간 거리가 상당히 떨어져 있는 물질로서 고유한 형상을 하고 있지 않으며 분자들의 결합력이 거의 없으므로 공간을 자유롭게 이동하며 기체 분자들 간에 빈번한 충돌이 일어나고 용기 속에서 자유롭게 퍼져나갈 수 있다.

물질에는 아르곤이나 구리와 같이 한 종류의 원자로 이루어진 **홑원소물질(simple substance)**과 이산화탄소나 물처럼 두 개 이상의 원소로 이루어진 **화합물(compound)**이 있다. 또한, 원유나 시멘트처럼 여러 화합물이 섞인 혼합물이 있는데, **혼합물(mixture)**과 대조하여 한 종류의 분자로 이루어진 물질을 **순물질(pure substance)**이라고 부른다.[19]

2. 물체(body)

물질의 내부구조에는 상관하지 않고 물질의 크기나 겉보기 모양을 중심으로 볼 때 구체적인 형태를 지니는 대상을 말한다. 드물게 물질과 같은 뜻으로 쓰이는 때도 있으나, 물질이 정신이나 시간 등과 대비되는 추상적 · 포괄적 개념으로 사용된 데 비해 물체는 이러한 의미로는 사용되지 않는다. 물체는 단지 외형이나 질량 등 구체적인 것을 의미하는 경우가 많다.[20]

2.2 물성

1. 밀도(density)

부피에 대한 질량의 비로서 고체와 액체의 밀도는 영국 단위계로는 lb/gal 또는 lb/ft^3으로 자주 표시하며, 기체는 lb/ft^3으로 나타낸다. SI 단위계에서는 고체와 액체의 밀도를 보통 g/㎖로 표시하며, 기체는 kg/m^3으로 나타낸다. 질량은 동일한데 부피가 커지면 밀도는 작아지고 반대로 부피가 감소하면 밀도는 커진다.

$$\rho = \frac{m}{V} \tag{1.19}$$

여기서, ρ는 밀도[kg/m^3], m은 질량[kg], V는 부피[m^3]이다.

표 1.10 밀도의 단위

SI 단위계	영국 단위계
$1g/cm^3 = 1kg/\ell = 1{,}000kg/m^3$	$1g/cm^3 = 62.428lb_m/ft^3$ $= 0.036127lb_m/in^3$ $1lb_m/in^3 = 1{,}728lb_m/ft^3$ $1kg/m^3 = 0.06243lb_m/ft^3$

19) [네이버 지식백과] 물질 [Matter, Material, Substance] (물리학백과).
20) [네이버 지식백과] 물체 [body, 物體] (두산백과).

2. 비중(specific gravity)

물의 밀도에 대한 임의의 액체 또는 고체의 밀도 비를 나타내며 물의 비중은 1이다.

$$specific\ gravity = \frac{\rho}{\rho_w} \tag{1.20}$$

여기서, ρ는 비교 대상 물질의 밀도[㎏/m^3], ρ_w는 물의 밀도[1,000㎏/m^3]이다.

비중이 1보다 작은 액체는 물보다 가벼우므로 물과 접촉하면 수면 위로 떠오른다. 대부분 기름은 물보다 밀도가 작으므로 수면 위로 떠오르지만, 비중이 1보다 큰 액체는 물보다 밀도가 크기 때문에 바닥으로 가라앉는다.

3. 증기 밀도(vapor density)

건조공기의 증기 밀도를 1로 하며, 증기 밀도가 1보다 큰 기체는 공기를 치환하고 공기 중에서 하강하여 낮은 곳에 모이는 경향이 있다. 증기 밀도가 1보다 작은 기체는 공기 중에서 상승하는 경향이 있다. 공기보다 가벼운 기체는 헬륨, 암모니아, 수소, 아세틸렌, 메테인, 조명 기체, 일산화탄소, 에틸렌 등 8가지가 있다.

$$vapor\ density = \frac{\rho}{\rho_{air}} \tag{1.21}$$

4. 압력

압력을 측정할 때 **계기압력**(gauge pressure)과 **절대압력**(absolute pressure)을 구분해야 한다. 계기압력($psig$)은 물체에 가해진 힘을 통해 발생하는 압력으로부터 대기압을 빼면 얻어지고 계기압력은 폐쇄 시스템, 즉 압력탱크나 유체가 빠져나가 압력 변화가 발생하는 시스템에서 사용한다. 용기가 개방되어 대기압과 평형을 이루면 용기의 계기압력은 0이 된다. 계기압력에 대기압을 더하면 절대압력($psia$)이 되는데 용기 내의 압력이 대기압보다 낮을 때 **진공상태**(vacuum)라고 하며 진공상태인 용기를 개방하면 물질의 이동을 통해 고압력 부분과 저압력 부분은 평형을 이룬다.

5. 증기압(vapor pressure)

액체 표면에서 분자들이 계속 증발함에 따라 증기가 차 있는 밀폐용기의 빈 곳에는 압력이 작용하는데 이를 **증기압**이라고 하며, 기체의 운동이론에 따르면 액체의 온도가 증가하면 증발하는 분자의 수도 증가하여 증기압도 커진다.

끓는점이 낮은 액체들은 비교적 증기압이 높은데 이는 증발이 쉽게 발생한다는 것을 의미하며 반대로 끓는점이 높은 액체들은 비교적 증기압이 낮은 편인데 이는 증발이 느리게 일어난다는 것을 의미한다. 나프탈렌 같은 고체나 모든 액체는 물질을 구성하는 분자들이 충분한 운동성을 지니고 있으므로 증기 형태로 표면에서 이탈할 수 있으므로 뚜껑이 개방된 용기일 경우, 액체 분자가 표면으로부터 유리되면서 증발이 일어난다.

밀폐용기 속에 채워진 액체인 경우에도 액체 분자들은 표면으로부터 계속 기화되는데 증발한 입자들이 용기를 벗어날 수 없으므로 증기가 있는 공간은 포화하고 일부 분자들은 액체로 되돌아가게 된다. 표면으로부터 증발하는 분자들과 다시 액체 상태로 돌아오는 분자들은 짧은 시간 동안 평형을 이룬다.

6. 에너지, 일 및 열역학

에너지는 일을 할 수 있는 능력으로서 열에너지, 화학에너지, 운동에너지, 위치에너지, 전기에너지, 자기에너지 및 핵에너지 등과 같은 여러 형태로 존재한다.

일(work)은 물체에 힘이 작용하여 물체가 이동하는 것과 관련이 있으며, 일했다면 반드시 가해진 힘이 물체를 이동시켜야 하고 단위시간 동안 수행한 일을 **일률** 또는 **동력**(power)이라고 하며, 일률의 단위는 J/s 또는 W이다.

표 1.11 기체 및 액체의 증기 밀도

물질	증기 밀도	물질	증기 밀도
air	1	styrene	1.1
methane	0.55	toluene	3.14
ethane	1.04	propylene	1.46
propane	1.50	ethylene oxide	1.49
carbon monoxide	1.0	methanol	1.11
carbon dioxide	1.53	ethanol	1.59
ethylene	0.97	butane	2.05

시스템에 존재하는 에너지는 **내부에너지(internal energy)**, **운동에너지(kinetic energy)** 및 **위치에너지(potential energy)**로 구분된다. **위치에너지**는 지구의 중력에 반하는 높이에 기반을 둔 에너지로서 위치에너지가 방출되면 일을 할 수 있고 어떤 중량의 물체를 수직으로 일정 거리만큼 이동시킬 수 있는 잠재적인 능력을 말한다.

$$PE = mgh \quad \text{또는} \quad PE = Wh \tag{1.22}$$

여기서, PE는 위치에너지[J], m은 질량[kg], g는 중력가속도[m/s^2], W는 중량[N], h는 높이[m]이다.

운동에너지는 시스템이 움직인 결과로서 다음과 같이 구한다.

$$KE = \frac{1}{2}mv^2 \tag{1.23}$$

여기서, KE는 운동에너지[J], m은 질량[kg], v는 속도[m/s]이다.

내부에너지는 시스템 내의 모든 미시적 형태의 에너지 총합으로 정의되는데 미시적 형태의 에너지는 분자들의 운동에너지 및 분자결합이 관련이 있다.

열역학은 에너지를 다루는 학문으로서 기본적인 열역학법칙 가운데 하나는 에너지 보존 원리이다. **에너지 보존원리**는 에너지의 총량은 항상 일정하다는 것으로서 에너지의 형태는 바뀔 수 있지만, 시스템이 갖는 총에너지는 일정하다.

$$TE = KE + PE + U \quad (1.24)$$

$$TE = \frac{1}{2}mv^2 + mgh + U \quad (1.25)$$

여기서, TE는 총에너지, U는 내부에너지이다.

7. 열과 온도

열과 온도는 구분해야만 한다. **온도**는 물질을 구성하는 분자나 원자들이 가진 운동량에 대한 척도이며, 물질 내의 분자들이 매우 빠르게 운동하면 그 물질의 온도는 높지만, 느리게 운동하면 물질 온도는 낮다. **열**(또는 에너지)은 온도 차이에 따라 한 물체로부터 다른 물체로 전달된 에너지의 양으로서 두 시스템 온도가 같으면 시스템 간에 열전달은 일어나지 않는다.

8. 열용량(heat capacity)

어떤 물체 온도를 1℃(또는 1℉) 변화시키는 데 필요한 열량으로서 SI의 기본 단위는 J/K이다. 열용량은 어떤 물질을 가열했을 때 에너지를 저장할 수 있는 물질의 능력을 의미하기도 한다.

열용량은 물질의 크기에 따라 달라지는 **크기 성질**(extensive property)이므로 열용량을 **세기 성질**(intensive property)로 전환하려면 질량이나 부피로 나누면 되는데 단위질량의 열용량을 **비 열용량**(specific heat capacity) 또는 **비열**이라고 한다. 영국 단위계의 기본 단위는 BTU로서 1BTU는 대기압 아래에서 $1lb_m$의 물을 1℉ 높이는 데 필요한 에너지에 해당한다. SI 단위계의 기본 단위는 ㎈로서 대기압 아래에서 1g의 물을 1℃ 올리는 데 필요한 에너지를 말한다.

물 1g을 1℃ 높이는데 4.186J의 열이 필요한 것으로 **물의 비열**을 정의할 수 있고 비열의 SI 단위는 J/㎏·K(또는 ㎈/g·℃), 영국 단위는 BTU/lb·℉이다. 동일 온도에서 단위질량의 물을 1° 올리는데 요구되는 열량의 비를 그 물체의 비열로 정의하기도 한다.

고체 및 기체일 때의 비열은 액체일 때의 비열과 다르며, 온도를 변화시키는 데 필요한 에너지는 다음 식으로부터 계산할 수 있다.

$$Q = m \times C \times \Delta T \tag{1.26}$$

여기서, Q는 열에너지[J], m은 질량[kg], C는 비열[J/kg · K], $\Delta T = (T_f - T_i)$는 온도변화 (T_i : 초기온도, T_f : 최종온도) [K]이다.

9. 물질의 상변화(change of state)

모든 물질은 고체, 액체 및 기체의 3가지 상태 중 하나로 존재하며 온도와 압력은 원소, 화합물 및 혼합물의 상변화 온도에 영향을 미치는 주요 인자이다. 물질은 모두 상변화를 하지만 물질마다 변화 시점은 다르며, 물질의 상변화를 유발하는 가장 보편적인 방법은 열을 이용하는 것이다. **어는점**(freezing point)은 대기압 아래에서 물체가 액체 상태로 존재할 수 있는 최저온도이고 **끓는점**(boiling point)은 대기압 아래에서 물체가 액체 상태로 존재할 수 있는 최고온도이다.

잠열(latent heat)은 물질의 상변화를 일으키는 데 필요한 에너지로서 온도변화에는 영향을 주지 않으며, **기화열**(latent heat of vaporization), **응결열**(latent heat of condensation), **융해열**(latent heat of fusion) 및 **응고열**(latent heat of solidification)이 있다. 기화열은 끓는점에서 액체가 기체로 상변화 하는 데 필요한 에너지이고 응결열은 끓는점에서 기체가 액체로 상변화 하는데 방출하는 에너지로서 기화열과 동일한 양이다. 또한, 융해열은 어는점에서 고체가 액체로 상변화 하는데 요구되는 에너지이고 응고열은 어는점에서 액체가 고체로 상변화 하는데 방출하는 에너지에 해당한다.

어떤 물체의 질량이 주어진 경우, 상변화에 필요한 에너지를 구하는 공식은 다음과 같다.

$$Q = m \times L_f \text{ 또는 } Q = m \times L_v \tag{1.27}$$

여기서, Q는 상변화에 필요한 에너지[J 또는 BTU], m은 질량[kg], L_f는 융해열[J/kg 또는 BTU/lb$_m$], L_v는 기화열[J/kg 또는 BTU/lb$_m$]이다.

10. 상변화 온도의 천이

화합물의 상태를 변화시키면 열용량과 상변화 온도가 변하기도 한다. 예를 들어 물에 소금을 소량 첨가할 경우, 물의 상변화 온도가 변화하기 때문에 끓는점은 높아지고 어는점은 낮아진다. 압력 변화도 상변화 온도에 영향을 미치는데 대기압이 1atm인 해수면에서는 100℃(212℉)에서 물이 끓지만, 고도가 높아지면 대기압이 낮아져서 물의 끓는점이 낮아지고, 고도가 낮아지면 대기압이 높아져서 물의 끓는점이 높아진다.

11. 부피팽창(volume expansion)

부피팽창은 상변화를 수반하는데 물이 액체에서 기체로 바뀌는 경우 부피가 1,700배 정도 팽창한다. 물질 온도를 변화시키면 부피 변화가 발생한다. 온도를 증가시키는 경우 부피가 증가하는 부피팽창이 발생하며 반대로 온도를 떨어뜨리면 부피 감소가 일어난다. 온도에 따른 부피 변화는 물질의 부피팽창계수에 따라 달라지는데 고체나 액체 물질 온도가 변할 때 발생하는 부피변화량은 원래의 부피에 그 물질의 부피팽창계수와 온도변화량을 곱하면 된다.

$$V_2 = V_1 + (V_1 \times \alpha \times \Delta T) \tag{1.28}$$

여기서, V_2는 팽창된 후의 부피[m^3 또는 gal], V_1은 원래 부피[m^3 또는 gal], α는 부피팽창계수[℃$^{-1}$ 또는 ℉$^{-1}$], ΔT는 온도변화량[℃ 또는 ℉]이다.

12. 기체 상태의 일반적 성질

1) 기체반응의 법칙

1808년 게이뤼삭(Gay-Lussac)은 '온도와 압력이 일정할 때, 반응하는 기체와 생성되는 기체의 부피 사이에는 일정한 정수비가 성립한다'라고 했다. 예를 들면 수소와 산소가 반응하여 물이 만들어질 때 수소 : 산소 : 물의 부피 비는 2 : 1 : 2로 나타난다. 기체반응의 법칙은 반응하는 물질과 생성되는 물질이 모두 기체일 때 성립하는 법칙이다.

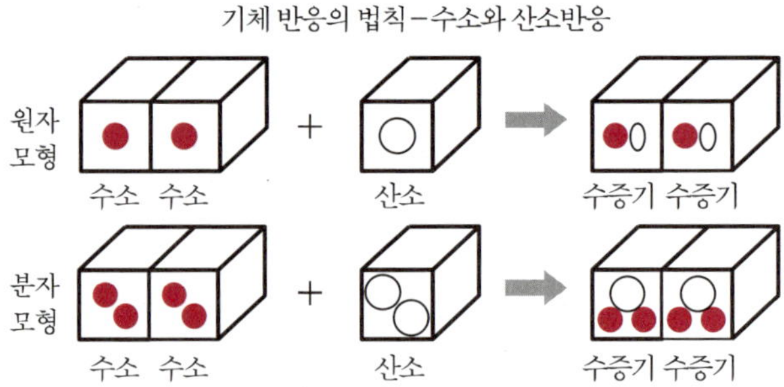

그림 1.7 기체 반응의 법칙[21]

2) 보일의 법칙(Boyle's law)

1662년 영국의 R. Boyle이 실험을 통하여 발견하였고, 또 1676년 E. Mariotte도 독자적으로 발견하였기 때문에, 유럽에서는 **보일-마리오트의 법칙**이라고 한다.

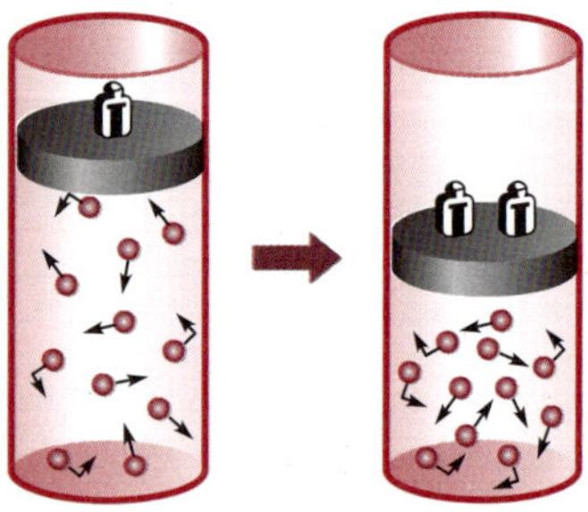

그림 1.8 보일의 법칙[22]

용기 속에 넣어 둔 기체 분자는 모든 방향으로 활발한 운동을 하고 있으므로 용기 벽에 충돌하여 힘을 주는데, 이처럼 충돌로 용기 벽의 단위면적에 작용하는 힘을 그 기체의 **압력**이라고 한다. 외부에서 힘을 가해 기체의 부피를 감소시키면, 기체의 밀도가 증가하여 충돌 횟수도 증가하므로 기체의 압력은 증가한다. 반대로 부피가 늘어나면 압력은 감소한다. 보일은 실험에서 일정한 온도에서 일정량의 기체 부피는 압력에 반비례한다는 사실을 발견했다.

기체 분자의 크기가 0이고 서로 영향을 미치지 않는 이상기체의 경우, 부피가 1/2배가 되면 압력은 정확히 2배가 된다. 보일의 실험에서는 적은 양의 기체를 사용하여 이상기체와 거의 비슷한 결과를 얻었다. 하지만 실제기체에 대한 엄밀한 실험과 검토를 통해 보일의 법칙은 실제기체에 그대로 적용할 수 없다는 것이 밝혀졌다.

21) [네이버 지식백과] 기체반응의 법칙 (위키백과).
22) [네이버 지식백과] 보일 법칙[Boyle's law] (두산백과).

3) 샤를의 법칙(Charles' law)

이 법칙은 1802년 게이뤼삭이 발표하였으나 1787년의 샤를의 미발표 논문을 인용하였기 때문에 **샤를의 법칙** 또는 **샤를 - 게이뤼삭의 법칙**이라고 한다. 온도와 기체의 부피에 관한 법칙으로 **기체 팽창의 법칙**이라고도 하며, 일정한 압력에서 기체의 부피는 그 종류와는 관계없이 절대온도에 정비례한다는 법칙이다.

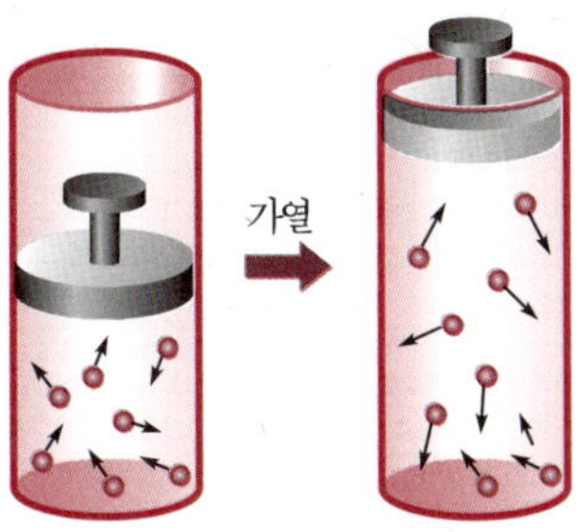

그림 1.9 샤를의 법칙[23)]

즉, 압력이 일정할 때 기체의 부피는 종류와 관계없이 온도가 1℃ 올라갈 때마다 0℃일 때 부피의 1/273씩 증가한다는 것이다. 일정한 압력일 때 기체 분자의 운동은 온도가 높아짐에 따라 활발해져서 용기의 벽에 충돌하는 횟수가 증가하므로 부피가 커지게 된다. V를 온도 t ℃에서 기체의 부피라 하고, V_0을 0℃에서의 부피라고 하면, 다음의 관계식이 성립된다.

$$V = V_o \times \left(1 + \frac{t}{273}\right) \tag{1.29}$$

4) 보일-샤를의 법칙(Boyle-Charles' law)

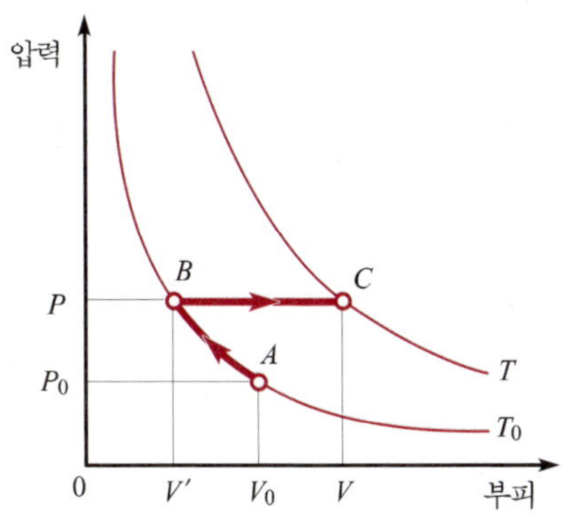

그림 1.10 보일-샤를의 법칙[24)]

온도가 일정할 때 기체의 압력은 부피에 반비례한다는 보일의 법칙과 압력이 일정할 때 기체의 부피는 온도의 증가에 비례한다는 샤를의 법칙을 조합하여 만든 법칙으로 온도, 압력, 부피가 동시에 변화할 때 이들 사이의 관계를 나타낸다.

일정량의 기체 압력, 부피, 온도변화에 대해서 그래프로 나타낼 수 있다. 그래프에서 보는 바와 같이 초기 상태(A점)에서 기체는 V_0의 부피, P_0의 압력, T_0의 온도를 갖는다. 압력과 부피 및 온도가

23) [네이버 지식백과] 샤를의 법칙 [Charles's law] (두산백과).
24) [네이버 지식백과] 보일-샤를의 법칙 [Boyle-Charles' Law] (두산백과).

동시에 변화하여 V의 부피, P의 압력, T의 온도를 갖는 최종상태(C점)에 도달한다고 할 때 이를 온도를 일정하게 하였을 때의 과정(A → B)과 압력을 일정하게 할 경우의 과정(B → C)으로 나눌 수 있다. A점에서 B점까지의 등온변화의 경우 보일의 법칙에 따라 다음의 관계를 만족한다.

$$P_0 V_0 = PV' \tag{1.30}$$

B점에서 C점까지 등압변화의 경우 샤를의 법칙에 따라 다음 관계가 성립한다.

$$\frac{V'}{T_0} = \frac{V}{T} \tag{1.31}$$

두 관계식을 합치면(A → C) 일정량의 기체 상태가 A점에서 C점으로 변화할 때 성립하는 보일-샤를의 법칙을 다음 식과 같이 얻을 수 있다. 이 법칙은 이상기체의 경우 성립하며, 실제기체의 경우 근사적으로 성립한다.

$$\frac{P_0 V_0}{T_0} = \frac{PV}{T} = \text{일정} \tag{1.32}$$

5) 아보가드로의 법칙(Avogadro's law)

같은 온도와 압력 아래에서 모든 기체는 같은 부피 속에 같은 수의 분자가 있다는 법칙으로 **아보가드로(Amedeo Avogadro)**가 기체반응의 법칙을 설명하기 위해 주장하였다.

아보가드로는 0℃, 1기압에서 여러 가지 기체의 1 ㏖당 부피를 측정한 결과 기체의 종류와 무관하게 몰부피가 매우 비슷함을 알아냈다. 이러한 결과로부터, '같은 온도와 압력 아래에서 기체의 종류와 관계없이 같은 부피 속에는 같은 수의 분자가 들어 있다'라는 아보가드로의 가설을 발표하였다. 모든 기체의 1 ㏖은 똑같은 수의 분자를 포함한다는 것이다. 즉, 기체 분자들은 화학적, 물리적 특성과는 무관하게 같은 온도와 압력에서 기체 시료가 차지하는 부피는 기체의 ㏖ 수(분자 수)에 비례한다. 분자의 ㏖ 수(분자 수)를 2배 하면 부피도 2배가 된다는 것이다.

보일, 샤를, 게이뤼삭과 아보가드로의 발견을 종합하여 기체의 압력(P), 부피(V), 온도(T) 및 ㏖ 수(n) 사이에 다음과 같은 식을 얻을 수 있다.

$$PV = nRT \tag{1.33}$$

여기서 R은 기체상수로 8.31 J/㏖ · K값을 가지며 모든 기체에 대하여 같은 값을 갖는다. 이 식에서 '압력과 온도가 일정하면 부피는 분자의 ㏖ 수에 비례한다'라는 아보가드로의 법칙에 따른 식으로 표현할 수 있다. 기체를 이해하는 데 결정적인 공헌을 한 아보가드로를 기려 어떤 물체 1 ㏖이 가진 입자들의 수를 **아보가드로수(Avogadro's number)**라고 부르며 그 수는 6.022×10^{23}개/㏖이다.

6) 이상기체상태 방정식(ideal gas equation)

이상기체란 계를 구성하는 입자의 부피가 거의 0이고 입자 간 상호 작용이 거의 없어 분자 간 위치에너지가 중요하지 않으며 분자 간 충돌이 완전탄성충돌인 가상의 기체를 의미한다. **이상기체상태 방정식**이란 이러한 기체의 상태량 간의 상관관계를 기술하는 방정식이다. 압력, 부피, 온도를 각각 P, V, T라고 할 때 $PV = nRT$로 나타나며 이때 n은 기체의 ㏖ 수이고, R은 기체상수를 의미한다.

7) 밀도와 분자량

분자량과 밀도는 아보가드로의 법칙을 이용해서 계산할 수 있다. 즉, 같은 부피의 기체는 같은 수의 분자를 갖고 있으므로 온도와 압력이 동일한 조건에서 같은 부피의 기체 무게는 분자의 무게에 비례한다. 분자량을 알고 있는 기체의 밀도나 밀도를 알고 있는 기체의 분자량은 이들 값을 알고 있는 다른 기체와 비교하여 계산할 수 있다.

$$\frac{\text{기체 } A\text{의 밀도}}{\text{기체 } B\text{의 밀도}} = \frac{\text{기체 } A\text{의 분자량}}{\text{기체 } B\text{의 분자량}} = \frac{\text{기체 } A\text{의 ㏖ 중량}}{\text{기체 } B\text{의 ㏖ 중량}} \tag{1.34}$$

분자량, 즉 ㏖ 중량, 기체 밀도 또는 시료 무게 등은 이상기체법칙을 정리하여 P, V, T 등의 자료로부터 구할 수 있다. 이상기체법칙을 이용하려면 ㏖ 대신에 기체의 ㏖ 중량(g/㏖)으로 나눈 시료의 중량(g)을 사용하는 것이 편리하다.

3 기초화학

3.1 물질의 구조

1. 원자[25]

모든 물질은 기계적으로 더 쪼갤 수 없는 최소 단위인 **분자**(molecule), 그리고 분자들은 다시 화학적으로 이제는 쪼갤 수 없는, 즉 물질의 성질을 상실한 가장 작은 입자인 **원자**(atom, 직경 약 1/10,000㎛)들로 구성되어 있다.

전자론(electronics)에 의하면 원자들은 양(+)전기를 띤 **원자핵**(atom nucleus)과 음(-)전기를 띤 전자로 구성되어 있으며, 원자핵은 다시 양자와 중성자로 나누어진다. 현재 우리가 사용하는 원자의 혹성모형은 1913년 보어(Bohr)가 제안한 것으로 간략화한 기본모형은 그림 1.11과 같다.

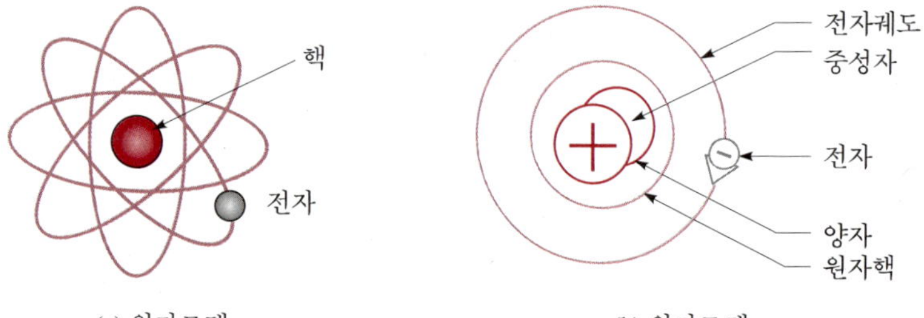

(a) 원자모델 (b) 원자모델

그림 1.11 원자의 기본구조(Bohr model)[26]

25) [네이버 지식백과] 물질의 구조(최신 자동차공학 시리즈 3 - 첨단 자동차 전기 전자).
26) [네이버 지식백과] 물질의 구조(최신 자동차공학 시리즈 3 - 첨단 자동차 전기 전자).

원자를 구성하는 3개의 소립자에 대해 지금까지 확인된 성질은 다음과 같다.

양자(proton)는 최소량의 (+)전기를 띠고 있으며, 질량은 전자의 약 1,840배이고, 중성자와 함께 핵을 구성한다. **중성자**(neutron)의 질량은 양자와 거의 같으나, 전기적으로는 중성이며, 양자와 함께 핵을 구성한다. **전자**(electron)는 최소량의 (-)전기를 띠고 있으며, 질량은 양자의 1/1,840이다. 원자핵의 주위를 원형 또는, 타원형 궤도를 따라 빛의 1/10 정도의 속도(약 2,200㎞/s)로 운동한다.

전자 1개와 양자 1개의 전기량은 서로 같으나, **극성**(polarity)이 서로 다르다. 전자는 빠른 속도로 원자 주위의 궤도를 선회하므로 원심력이 발생하는데, 이 원심력이 양자의 흡인력과 서로 평형을 유지하고 있다. 따라서 전자는 원자핵에 흡인되지 않고, 자신의 궤도를 선회하거나, 또는 쉽게 궤도를 이탈할 수 있다.

원자번호(atom number)는 각 원소의 원자 내에 존재하는 양자 또는 전자의 수를 말한다. 그림 1-12의 수소 원자는 원자번호 1로서 1개의 양자와 1개의 전자가 서로 평형을 이루고 있음을 의미한다. 리튬 원자는 원자번호가 3이므로 양자와 전자가 각각 3개씩 들어 있다.

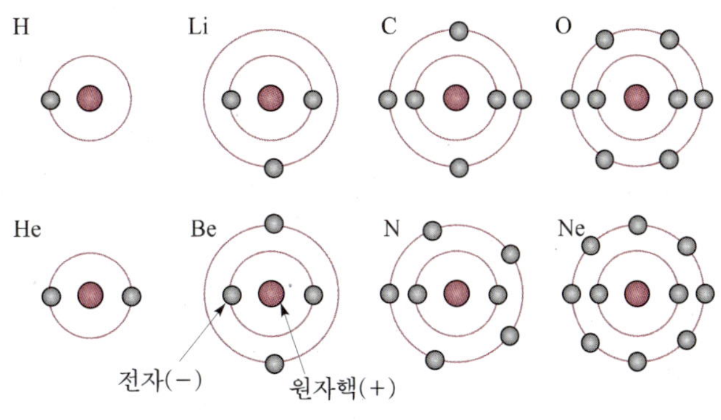

그림 1.12 원자의 혹성모형[27)]

27) [네이버 지식백과] 물질의 구조(최신 자동차공학 시리즈 3 - 첨단 자동차 전기 전자).

원자가(atomic value)란 가장 바깥 궤도의 전자 개수, 또는 바깥 궤도의 전자 개수를 8개로 하는 데 필요한 전자 개수를 말한다. 전자를 많이 가지고 있는 원자는 그림 1.13과 같이 전자가 원자핵의 주위에 여러 겹으로 규칙적으로 배열된 것으로 생각한다. 궤도는 핵에서 가장 가까운 궤도부터 K, L, M, N, O, P, Q의 순으로 배열되며, 각 궤도에 들어갈 수 있는 전자 개수는 '2×(궤도의 순위) 2'이다.

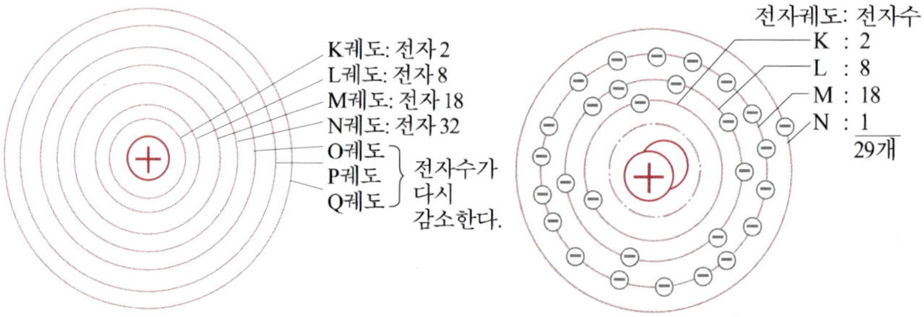

(a) 전자궤도와 전자 개수 (b) 구리 원자의 보어 모델

그림 1.13 전자궤도의 전자 개수와 보어 모델[28]

예를 들면, K 궤도에는 2개, L 궤도에는 $2\times2^2=8$개, M 궤도에는 $2\times3^2=18$개의 전자가 들어갈 수 있다. 그러나 가장 바깥 궤도에는 최고 8개의 전자가 들어갈 수 있고, 8개가 아닌 경우에는 될 수 있으면 8개가 되어 안정된 상태를 유지하려는 특성이 있다. (단 K 궤도만 있는 원자는 전자가 2개일 때 가장 안정된 상태임)

전자수가 29개인 구리의 경우, 각 궤도의 허용 최대 전자 개수(K 궤도에 2개, L 궤도에 8개, M 궤 채우고 N 궤도에는 1개의 전자가 들어가게 된다. 따라서 구리의 원자가는 +1(또는 -7)이 된다.

표 1.12에 보인 바와 같이 탄소, 실리콘, 저마늄 등은 +4로 나타낼 수 있으며, 불활성 기체는 가장 바깥 궤도에 전자가 8개씩 들어 있으므로 원자가는 '0'이 된다. 또한 원자가는 "원자가 전자를 얼마나 쉽게 얻거나 잃는

28) [네이버 지식백과] 물질의 구조(최신 자동차공학 시리즈 3 - 첨단 자동차 전기 전자).

가?"를 표시한다. 원자가가 +1인 원자는 1개의 전자를 쉽게 버릴 수 있으나, 원자가가 +7(혹은 -1)인 원자는 전자를 버리기보다는 전자를 1개 더 얻으려고 한다.

원자의 결합 정도나 전기적 성질은 핵으로부터 가장 바깥 궤도에 존재하는 전자에 의해서 결정된다. 따라서 가장 바깥 궤도에 존재하는 전자를 **가전자**(valency electron)라 한다. 가전자는 핵으로부터의 거리가 멀기 때문에 핵과의 결합력이 약하고, 또 외부의 영향을 가장 많이 받기 때문에 궤도를 쉽게 이탈한다. 이들 궤도를 이탈한 전자를 **자유전자**(free electron)라고 하는데 이들은 물질 내부에서 한 원자에서 다른 원자로 자유롭게 이동할 수 있다.

표 1.12 원자번호와 원자가[29)]

분류	원소	기호	원자번호	원자가
금속 도체	은	Ag	47	+1
	구리	Cu	29	+1
	금	Au	79	+1
	알루미늄	Al	13	+3
	철	Fe	26	+2
반도체	탄소	C	6	+4
	실리콘	Si	14	+4
	저마늄	Ge	32	+4
활성 기체	수소	H	1	+1
	산소	O	8	-2
불활성 기체	헬륨	He	2	0
	네온	Ne	10	0

29) [네이버 지식백과] 물질의 구조(최신 자동차공학 시리즈 3 - 첨단 자동차 전기 전자).

2. 원소주기율표[30)]

1869년 독일의 마이어 및 러시아의 멘델레예프가 원자량의 증가 순서로 원소를 배열하여 근대적인 주기율의 기초를 확립한 뒤 많은 사람이 여러 모양의 주기율표를 만들었다. 1913년 모즐리는 멘델레예프의 주기율표를 개량하여 원자번호 순으로 원소를 배열하였는데, 이는 성질이 비슷한 원소가 주기적으로 등장하는 현대의 원소주기율표와 유사하였다.

주기율표에는 단주기형 주기율표와 장주기형 주기율표가 있다. 단주기형은 제2, 제3주기를 기준으로 배열하여 제4주기 아래로 전형원소와 전이원소가 같은 칸에 배치되었다. 한편, 장주기형은 단주기에서 볼 수 있는 1~7까지의 동족 내에서의 반복을 연장하여 제1족부터 제18족까지 이루어져 있다. 현재는 장주기형이 널리 쓰인다.

주기율표에서 각 족을 A 아족, B 아족으로 양분하는데 국제 순수 및 응용화학연맹(IUPAC)과 화학 초록 서비스(CAS:Chemical Abstract Service)에서 아족의 표기가 서로 달라 혼동을 일으켰다. 이에 IUPAC은 기존의 7A, 7B와 같은 아족의 표기를 없애고, 1족부터 18족까지 부르는 새로운 장주기형 주기율표를 고안하였다. 우리나라에서는 1994년 4월 15일 대한화학회의 제정에 따라 이 주기율표를 채택하였다.

같은 족에 속하는 원소는 같은 원자가의 화합물을 만들고 그 조성이 매우 흡사하다. 주기율표 중에서 원소는 왼쪽에서 오른쪽으로 감에 따라 차차 여러 성질이 변화해 가는데 장주기형에서는 오른쪽 및 위쪽에 전기음성도가 높은 원소들이 놓이게 된다. 따라서 오른쪽 위 구석에 놓인 플루오린은 가장 전기음성도가 높은 비금속이며, 왼쪽 모서리의 프랑슘은 전기음성도가 가장 낮은 금속원소이다.

30) [네이버 지식백과] 주기율표[periodic table] (두산백과).

분류	알칼리금속	알칼리토금속	희토류	타이타늄족	토산금속	크로뮴족	망가니즈족	철족(위의 것 3종) 백금족(아래 것 6종)			구리족	아연족	알루미늄족	탄소족	질소족	산소족	할로젠족	불활성 기체
족	1A	2A	3B	4B	5B	6B	7B	8B			1B	2B	3A	4A	5A	6A	7A	8A·0
IUPAC족 / 주기	1	2	3	4	5	6	7	8	9	10	11	12	13	14	15	16	17	18
1	H	금속원소 양쪽성원소 중 산·염기와 수소를 발생하는 것																He
2	Li	Be	비금속 준금속										B	C	N	O	F	Ne
3	Na	Mg		전이원소									Al	Si	P	S	Cl	Ar
4	K	Ca	Sc	Ti	V	Cr	Mn	Fe	Co	Ni	Cu	Zn	Ga	Ge	As	Se	Br	Kr
5	Rb	Sr	Y	Zr	Nb	Mo	Tc	Ru	Rh	Pd	Ag	Cd	In	Sn	Sb	Te	I	Xe
6	Cs	Ba	La	Hf	Ta	W	Re	Os	Ir	Pt	Au	Hg	Tl	Pb	Bi	Po	At	Rn
7	Fr	Ra	Ac	※ 란타넘(란탄 또는 란타니드)족·악티늄(악티니드)족 생략														
대표적 원자가	+1	+2	+2(공통원자가) ※ +2가 이외에 여러 가지의 원자가를 가짐										+3	+4 +2 -4	+5 +2 -3	+6 +3 -2	+7 +5 -1	0

그림 1.14 원소주기율표[31]

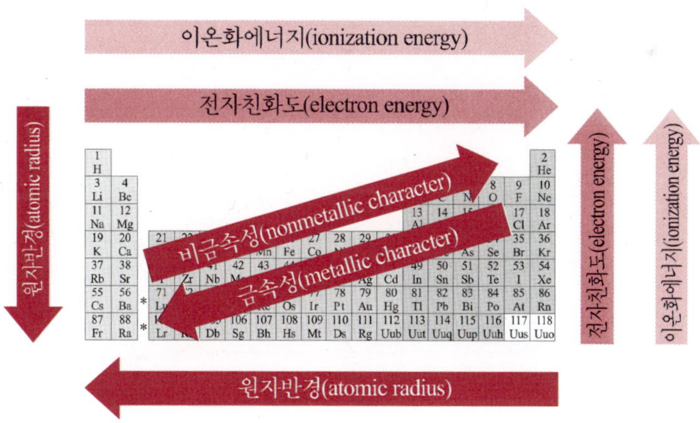

그림 1.15 주기율표에 나타낸 몇 가지 원소 성질의 변화 경향[32]

31) 이해평, 박영주, 위험물질론, 도서출판 화수목(2015).

32) 이해평, 박영주, 위험물 안전관리, 도서출판 화수목(2015).

3.2 화학반응

1. 화학반응[33)]

화학반응(chemical reaction)은 화학결합의 파괴와 생성을 통해 반응 전 물질과는 화학적 성질이 다른 물질이 만들어지는 과정을 일컫는다. 이때, 화학반응 전 물질을 반응물, 반응 후 물질을 생성물이라고 한다.

인류는 오래전부터 화학반응을 이용하여 유용한 물질을 만들고자 노력해 왔으며, 고대의 제련, 주조 기술에서부터 값싼 금속에서 금을 만들고자 했던 중세의 연금술에 이르기까지 축적된 화학 지식을 바탕으로 현대의 화학이 발전했다. 인공적인 화학반응으로 원하는 물질을 만드는 화학 합성을 통해 의약품, 플라스틱과 같은 물질을 만들어내거나, 연소를 이용하여 에너지를 얻는다. 또한 생체 내에서 일어나는 소화 과정, 단백질 합성도 화학반응의 일종이다.

1) 화학반응의 종류

화학반응은 다양한 종류가 있는데 다음은 그 예이다.

(1) 치환반응

치환반응은 분자의 원자 또는 원자단이 다른 분자의 원자 또는 원자단과 바뀌는 반응이다.

Zn 아연	+	CuO 산화구리	⟶	ZnO 산화아연	+	Cu 구리

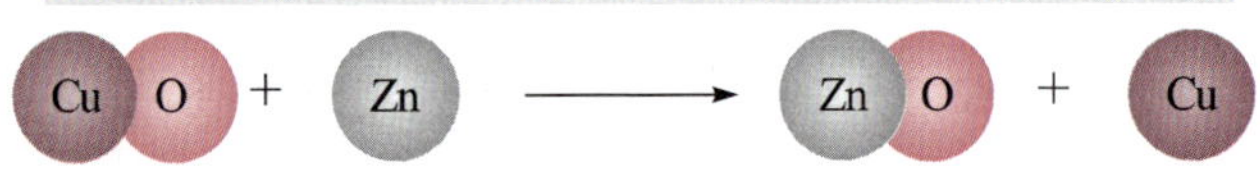

(2) 침전반응

용액을 반응시켰을 때 생성물로 고체가 나오는 반응으로 앙금생성반응이라고도 한다.

33) [네이버 지식백과] 화학반응[chemical reaction] (두산백과).

$$AgNO_3 + NaCl \rightarrow NaNO_3 + AgCl$$

질산은 + 염화나트륨 → 질산나트륨 + 염화은

(3) 산화환원반응

반응에 관여하는 분자를 이루는 원자의 산화수가 변하는 반응이다.

$$2Mg + CO_2 \rightarrow 2MgO + C$$

마그네슘 + 이산화탄소 → 산화마그네슘 + 탄소

(산화: 2Mg → 2MgO, 환원: CO_2 → C)

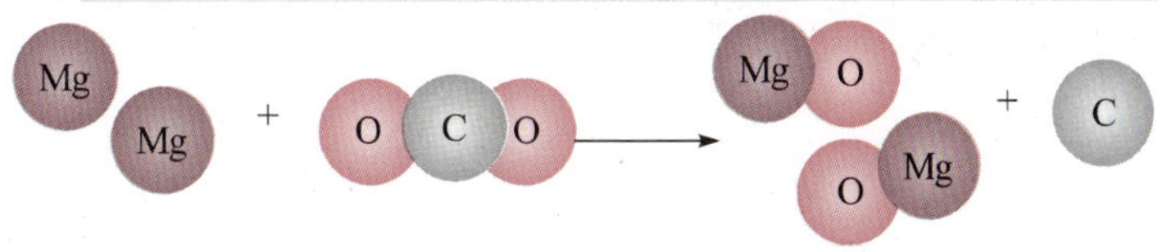

(4) 분해반응

화합물이 더 작은 화합물 또는 원소로 분해되는 반응이다.

$$2NaHCO_3 \rightarrow Na_2CO_3 + CO_2 + H_2O$$

탄산수소나트륨 → 탄산나트륨 + 이산화탄소 + 물

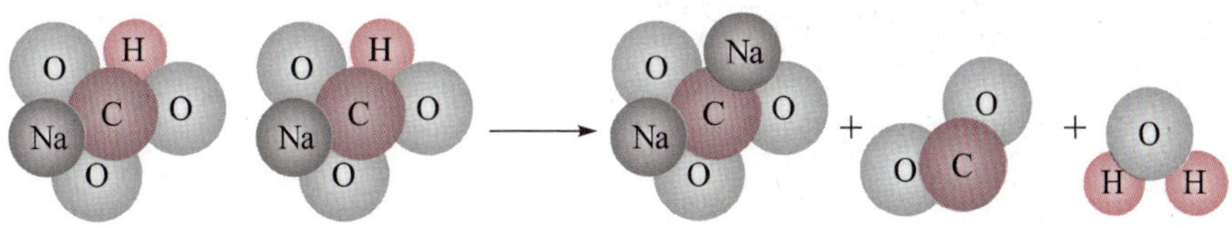

이외에도 합성반응, 산 · 염기 반응 등이 있다.

2) 화학 법칙

화학반응에 관련된 화학 법칙으로는 화학 양론, 에너지보존의 법칙, 화학 반응속도론 등이 있다.

(1) 화학 양론

화학반응의 정량적 법칙으로 반응 전후 질량, 원자 수 보존이 이에 해당한다. 예를 들어 수소와 산소가 만나 물이 생성될 때, 수소 4g과 산소 32g이 반응하여 36g의 물이 생성된다. 반응 전의 질량은 4g+32g, 반응 후 질량은 36g으로 반응 전후 질량이 보존되었음을 알 수 있다. 또한 반응 전 수소 원자의 개수는 4개, 산소 원자의 개수는 2개이고, 반응 후에도 같은 수의 수소 원자와 산소 원자가 있으므로 원자의 개수는 보존되었다.

반응식 :	$2H_2$	+	O_2	⟶	$2H_2O$
	수소		산소		물
질량 :	4g	+	32g		36g

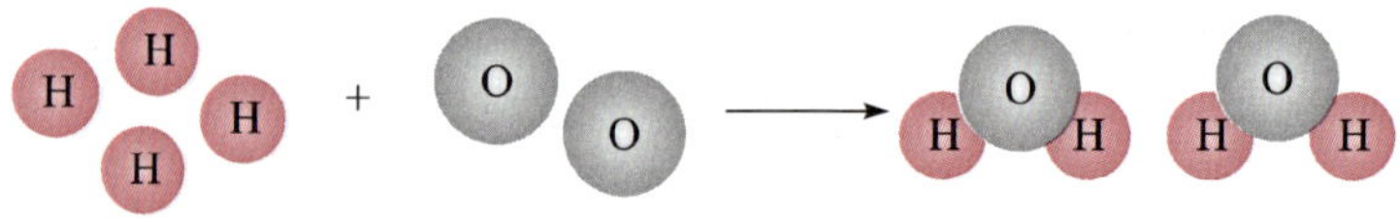

(2) 에너지보존의 법칙

화학반응이 일어날 때 반응이 일어나는 전체 계의 에너지는 보존된다. 반응물의 에너지와 생성물의 에너지 차이만큼 주위로부터 열을 흡수 또는 방출한다. 예를 들어 수소와 산소가 만나 수증기가 만들어질 때, 주위에 242kJ 만큼의 에너지를 방출한다.

반응식 :	H_2	+	O_2	⟶	H_2O	+	242kJ
	수소기체		산소기체		수증기		에너지

(3) 화학반응속도론

반응물의 농도, 반응계 온도와 압력 등은 화학반응속도에 영향을 미친다. 반응속도가 반응물 농도의 n 제곱에 비례할 때 이를 n차 반응이라고 한다. 반응속도와 반응물 농도의 상관관계를 측정하여 반응 차수를 결정할 수 있다.

2. 산화와 환원반응[34)]

반응물 간의 전자 이동으로 일어나는 반응으로 산화와 환원이 동시에 일어난다. 전자를 잃은 쪽을 산화되었다고 하고 전자를 얻은 쪽이 환원되었

34) [네이버 지식백과] 산화환원반응[oxidation-reduction reaction] (두산백과).

다고 한다. 이때, 잃은 전자 개수와 얻은 전자 개수는 항상 같다.

산화 · 환원반응이 일어날 때 산화수의 변화가 일어난다. 산화수란 일반적으로 이온으로 되었을 때 전하량이다. 이온의 종류가 두 개 이상인 철과 같은 원자의 경우에는 공유 결합을 이루는 전자가 전기음성도가 더 큰 원자에 속해있다고 했을 때의 전하량을 생각하면 된다.

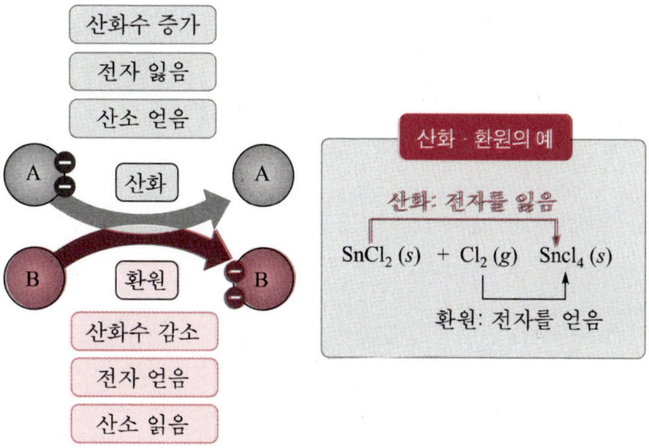

그림 1.16 산화와 환원35)

홑원소물질과 중성 화합물의 산화수는 0, 이온의 산화수는 이온의 전하량, 산소 원자의 경우에는 보통 -2, 과산화물에서는 -1이고 수소 원자의 경우 보통 +1, 금속화합물에서는 -1이다. 산화수를 계산할 때는 이온화가 잘 되는 1족, 2족, 17족과 같은 원소들의 산화수를 먼저 생각하는 것이 좋다. 산화된 물질은 전자를 잃게 되므로 산화수가 증가하고, 환원되는 물질은 전자를 얻으므로 산화수가 감소한다.

예를 들어 SO_4^{2-}는 O의 산화수가 -2이고 총 4개 있으므로 -8인데 화합물 전체의 산화수가 -2이므로 S의 산화수는 +6이 된다. NH_3는 H의 산화수가 +1이고 총 3개 있으므로 +3이고 화합물 전체의 산화수가 0이므로 N의 산화수는 -3이다. 반면 HNO_3의 경우 H의 산화수 +1, O의 산화수는 -2이고 3개 있으므로 -6인데 화합물 전체의 산화수가 0이므로 이때 N의 산화수는 +5가 된다.

35) [네이버 지식백과] 산화환원반응[oxidation-reduction reaction] (두산백과).

산화환원반응에서 각 원소의 산화수를 계산하여 어떤 물질이 산화 또는 환원되었는지 쉽게 알 수 있다.

$$SnCl2\ (s) + Cl2\ (g) \rightarrow SnCl4\ (l)$$

각 반응물의 산화수를 보면 다음과 같다. Sn은 +2에서 +4로 산화수가 증가했으므로 산화되었고 $Cl_2(g)$는 0에서 -1로 산화수가 감소했으므로 환원되었다.

산화환원반응의 가장 대표적인 경우가 화학전지이다. 아연과 구리로 만들어진 화학전지(다니엘전지)의 경우, 아연이 전자를 잃고 산화되고 구리는 전자를 얻고 환원된다.

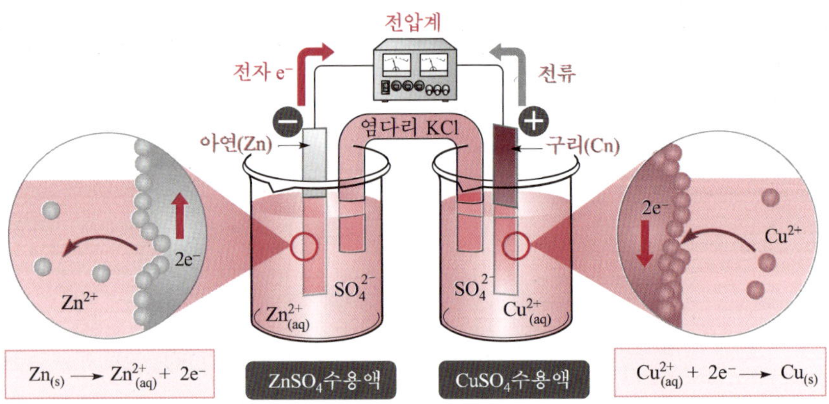

그림 1.16 화학전지(다니엘전지)[36]

전체 반응식은 다음과 같다.

$$Zn\ (s) + Cu^{2+}\ (aq) \rightarrow Zn^{2+}\ (aq) + Cu\ (s)$$

자신은 환원되면서 다른 물질을 산화시키는 물질을 산화제, 반대로 자신은 산화되면서 다른 물질을 환원시키는 물질을 환원제라고 한다. 따라서 전자를 얻는 성질이 강할수록 강한 산화제, 전자를 잃는 성질이 강할수록 강한 환원제이다.

36) [네이버 지식백과] 산화환원반응[oxidation-reduction reaction] (두산백과).

3.3 유기화합물

1. 탄화수소[37)]

탄화수소(hydrocarbon)는 탄소(C)와 수소(H)만으로 이루어진 유기화합물을 말한다. 가장 간단한 탄화수소는 탄소 하나와 수소 넷으로 이뤄진 메테인(CH_4)이다. 하나의 수소 원자가 제거된 탄화수소는 하이드로카르빌(hydrocarbyls)이라고 하는 작용기가 된다. 탄소는 가장 바깥쪽 껍질에 4개의 전자를 가지고 있고, 각각의 공유 결합은 원자 당 전자 1개를 필요로 하므로 탄소는 옥텟 규칙을 만족하는 공유 결합을 형성하기 위해 4개의 전자를 모두 사용하여 4개의 공유 결합을 형성한다.

방향족 탄화수소 혹은 아렌(arene), 알케인(alkane), 사이클로알케인(cycloalkane) 및 알카인을 기초로 하는 화합물은 다른 유형의 탄화수소이다. 지구상에서 발견되는 대부분 탄화수소는 원유(crude oil)에서 자연적으로 발생하며, 분해된 유기 물질은 풍부한 탄소와 수소를 제공하며, 결합하면 겉으로는 무한한 사슬을 형성할 수 있다.

대표적인 탄화수소로 석유와 천연가스가 있고, 휘발유, 파라핀, 항공유, 윤활유 등도 모두 탄화수소 혼합물이다. 탄화수소는 알케인, 알켄, 알카인 등을 포함하는 지방족 탄화수소, 지방족 고리 탄화수소, 방향족 탄화수소로 나눌 수 있다.

1) 지방족 탄화수소(aliphatic hydrocarbon)

탄소 사슬로는 노말 사슬 탄화수소와 곁사슬 탄화수소가 있다. 또 포화(지방족)탄화수소와 불포화(지방족)탄화수소로 나누어지며, 포화탄화수소는 메테인계탄화수소(알케인)라고 한다. 불포화 지방족 탄화수소는 이중결합을 함유하는 것(알켄, 에틸렌계탄화수소), 삼중결합을 함유하는 것(알카인, 아세틸렌계탄화수소), 이중결합과 삼중결합을 모두 함유하는 것이 있다.

---

37) [네이버 지식백과] 탄화수소[hydrocarbon] (화학백과).

(1) **포화탄화수소**(saturated hydrocarbon)[38)]

사슬형 포화탄화수소는 C_nH_{2n+2}의 분자식을 지니고 한 개의 고리로 이루어진 고리형 포화탄화수소는 C_nH_{2n}의 분자식으로 표시된다. 포화탄화수소는 알케인(alkane)이라고 부르는데 탄소와 수소로만 구성되고 불포화 결합이 없는 기본적인 유기화합물이다. 탄소 원자의 개수가 적은 것은 기체, 중간 정도인 것은 액체, 탄소 수가 많은 것은 고체로 존재한다. 특히, 고체 포화탄화수소를 파라핀(paraffin)이라고 부르기도 한다. 사슬 구조인 경우, 탄소 원자의 개수에 따라 메테인(methane, CH_4), 에테인(ethane, C_2H_6), 프로페인(propane, C_3H_8) 등으로 분류한다.

탄소 원자가 4개 이상으로 포함된 경우는 탄소가 결합한 형태가 다른 이성질체가 존재하는 한편, 탄소가 3개 이상이면 탄소골격이 고리 모양으로 존재할 수 있으며, 사이클로프로페인(cyclopropane, C_3H_6), 사이클로뷰테인(cyclobutane, C_4H_8), 사이클로펜테인(cyclopentane, C_5H_{10}) 등 앞에 cyclo-라는 접미어를 붙인다.

n−pentane

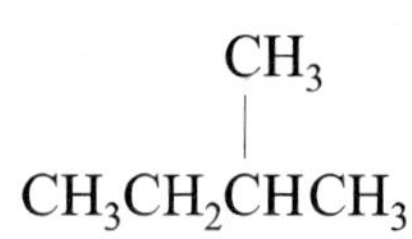

i−pentane

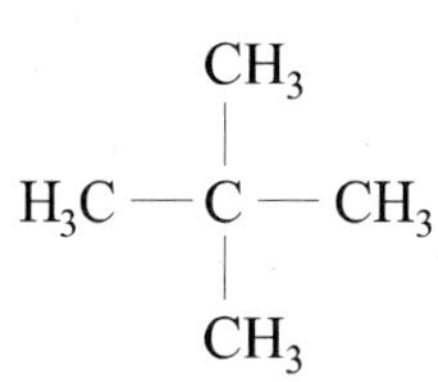

neo−pentane

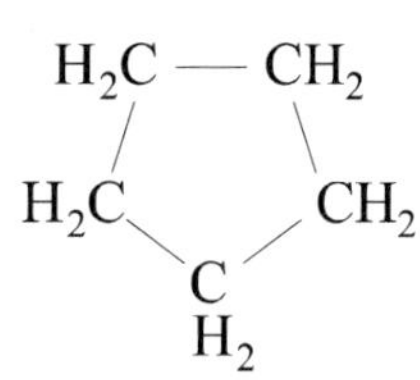

cyclo−pentane

예를 들어, 탄소 5개가 포함된 포화탄화수소는 여러 가지로 존재할 수 있다. 가장 간단한 포화탄화수소인 메테인은 천연가스의 주성분이다. 나머지 포화탄화수소도 석유 등의 화석연료에 포함되어 있으므로 석유의 분별증류 과정에서 얻을 수 있다. 연료와 용매로 많이 사용되

38) [네이버 지식백과] 포화탄화수소[saturated hydrocarbon] (두산백과).

며 불포화 결합이 없으므로 부가 반응은 거의 일어나지 않으며 대부분 치환반응이 일어난다.

(2) **불포화탄화수소**(unsaturated hydrocarbon)[39)]

탄소-탄소 이중결합을 하나 가진 알켄, 탄소-탄소 삼중결합을 하나 가진 알카인을 비롯하여 이중결합을 2개 가진 엔, 3개 가진 트리엔 등이 있고, 이중결합과 삼중결합을 함께 가진 것도 있다.

또 고리 모양 탄화수소에도 사이클로헥세인이나 사이클로펜타다이엔 등과 같이 이중결합이나 삼중결합을 가진 것이 있는데, 사슬 모양보다 수가 적다. 방향족 탄화수소는 벤젠고리 안에 3개의 이중결합을 가진 식으로 표시되는데, 이 이중결합은 공명 때문에 불포화성을 보이지 않는다. 따라서 불포화탄화수소에 포함하지 않는 것이 보통이다. 일반적으로 다중결합을 가진 화합물인 불포화탄화수소는 반응성이 풍부하다는 것이 특색이고 특히 탄소 수가 적은 것(2~5개)에는 화학공업의 원료로서 중요한 것이 많다.

① 알켄(alkene)[40)]

알켄(alkene)은 적어도 하나 이상의 탄소-탄소 이중결합(C=C)을 가지는 유기화합물로 올레핀(olefin)이라고도 부른다. 단순한 비고리형 단일 알켄의 일반식은 C_nH_{2n}이고, 단순한 단일 고리형 단일 알켄은 C_nH_{2n-2}가 일반식이다(참고로 단순한 알케인의 일반식은 C_nH_{2n+2}이다). 가장 단순한 알켄은 에틸렌이며, 치환에 따라 다양한 구조와 이름이 있다. 벤젠의 경우, 6각형 고리에 3개의 알켄이 연속해서 있는 구조이다. 이는 방향족 화합물로 따로 구분하며 일반적인 알켄으로는 분류하지는 않는다.

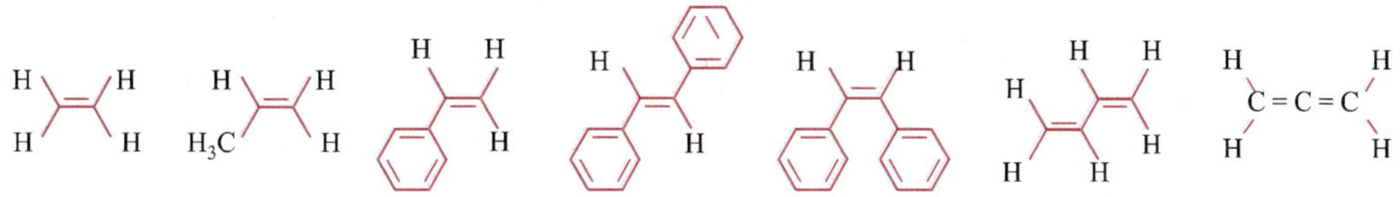

ethylene　propylene　styrene　trans-stilbene　cis-stilbene　butadiene　allene

39) [네이버 지식백과] 불포화탄화수소[unsaturated hydrocarbon] (두산백과).

40) [네이버 지식백과] 알켄[alkene] (화학백과).

② 알카인(alkyne)[41]

삼중결합(C≡C)을 지니는 탄화수소로, 일반식은 C_nH_{2n-2}이다. 알카인의 이름은 탄소 수가 같은 화합물에서 알케인의 어미 -ane을 -yne으로 바꾼 것이다. 알카인 중에서 가장 간단한 화합물이자 대표적인 알카인인 에타인(또는 아세틸렌)에서는 삼중결합을 이루는 2개의 탄소 원자 그리고 탄소 원자와 결합하고 있는 2개의 수소가 일직선상에 있다. 아세틸렌의 탄소 원자 사이의 결합 중에서 1개는 강하지만 다른 2개는 약하기 때문에 쉽게 끊어지면서 다른 원자나 원자단이 첨가된다.

$$HC \equiv CH \xrightarrow{Br_2} CHBr = CHBr \xrightarrow{Br_2} CHBr_2 - CHBr_2$$

$$HC \equiv CH \xrightarrow{HCl} CH_2 = CHCl \xrightarrow{\text{중합}} PYC$$

$$HC \equiv CH \xrightarrow{HCl} CH_3CHO$$

$$HC \equiv CH \xrightarrow[Pt]{H_2} H_2C = CH_2 \xrightarrow[Pt]{H_2} CH_2CH_3$$

아세틸렌은 삼중결합을 가진 분자이지만 이중결합을 가진 에텐처럼 브로민수를 가하면 첨가 반응이 일어나 브로민수의 적갈색이 무색으로 변하는데, 이것은 아세틸렌의 삼중결합에 Br_2 분자가 첨가되어 포화 상태의 물질이 되기 때문이다. 아세틸렌은 무색무취의 기체로 물에 녹기 어려우며, 공기 속에서 연소하면 일정 부피 속의 탄소보다 산소의 비율이 낮아서 연소할 때 그을음이 많은 불꽃을 내며 밝게 탄다. 아세틸렌에 충분한 산소를 공급하면 높은 온도의 불꽃을 얻을 수 있으므로 용접에도 이용된다.

2) 방향족 탄화수소(aromatic hydrocarbon)[42]

분자구조는 단일결합과 이중결합이 교대로 이루어진 6개의 탄소 원자가 상대적인 배치를 이루고 있는 벤젠고리를 포함하고 있다. 벤젠의 유도체

---

41) [네이버 지식백과] 알카인[alkyne] (Basic 고교생을 위한 화학 용어사전, 2002.9.30., 서인호).

42) [네이버 지식백과] 방향족 탄화수소[aromatic hydrocarbons] (두산백과).

로서 수많은 방향족 탄화수소가 있다. 단순한 구조의 것을 예로 들면, 벤젠고리에 알킬 곁사슬이 붙은 톨루엔 · 자일렌, 2개 이상의 벤젠고리가 단일결합으로 결합한 바이페닐 · 테레프탈, 2개 이상의 벤젠고리가 축합한 나프탈렌 · 안트라센 등이 있다.

2. 고분자 화합물(high molecular compound)[43]

고중합체라고도 하며, 분자량이 보통 1만 이상으로 극히 큰 화합물을 고분자라고 한다. 처음에는 유기고분자화합물에 한정되어 있었으나, 최근에는 공유결합성을 지닌 무기고분자화합물까지 넓혀졌다. 일상생활과 관계가 깊은 것이 많은데, 단백질 · 녹말 · 셀룰로스 등은 천연으로 존재하는 고분자 화합물이고, 나일론 · 테트론 등의 합성섬유나 베이클라이트 · PVC · 폴리에틸렌 · 스타이로폼 등은 합성고분자 화합물이다.

고분자 화합물은 독일어 hochmolekulare verbindung에서 나온 말로서, 1930년대 초반에 H. 슈타우딩거가 천연 고무나 셀룰로스가 분자량이 큰 분자로 구성되어 있음을 밝힌 데서 명명되었다. 그 이후로 천연으로 존재하는 고분자 화합물의 성질이 밝혀짐에 따라 단위체라 불리는 간단한 저분자로부터 고분자 화합물을 합성할 수 있게 되었다.

고분자 화합물의 종류는 많으며, 그 구조나 성질도 다양하지만, 유기고분자화합물과 무기고분자화합물로 크게 나뉘고, 이들은 다시 천연고분자화합물과 합성고분자화합물로 나누어진다. 유리나 인조견사는 천연물에 가공한 것으로 중간적 존재에 속한다고 할 수 있다.

고분자 화합물은 분자량이 대단히 큰 화합물이지만, 무질서한 원자 배열로 이루어져 있는 것이 아니고, 보통 분자량이 작은 구조 단위의 반복으로 이루어져 있다.

합성고분자화합물에 대하여 예를 들어보면, 폴리에틸렌은 에틸렌의 중합으로 합성되지만, 구조는 $(CH_2CH_2)_n$으로 나타낼 수 있는 바와 같이 아주 간단한 구조 단위인 메틸렌 사슬의 반복으로 이루어져 있다. 천연고분자

43) [네이버 지식백과] 고분자 화합물[high molecular compound] (두산백과).

화합물들은 이보다 복잡하기는 하지만, 훨씬 더 복잡한 구조를 가진 단백질에서도 α-아미노산이 다수 결합하여 이루어진 폴리펩타이드 사슬이 기본을 이룬 반복에 지나지 않는다.

고분자 화합물을 구조 면에서 분류하면, 구조 단위가 곧은 사슬 모양으로 결합해 있는 사슬 모양 고분자와 구조 단위가 2차원 · 3차원의 그물구조를 이룬 것들이 있다. 이와 같은 구조의 특징은 성질에도 영향을 끼치는데, 사슬 모양 고분자는 유연성이 풍부하여 섬유로써 이용되는 것이 많다.

그물구조를 이룬 것들은 단단하여 합성수지로서 알려진 것들이 많다. 또한 분자가 거대하다는 사실은 용매에 잘 녹지 않는 원인이 되며, 가령 녹는 경우라 하더라도 콜로이드 용액이 된다. 또 저분자화합물과는 달리 구조 단위의 반복 수가 다소 다른 분자의 혼합물인 경우가 많아서 분자량이라고 할 때도 평균분자량을 뜻하게 된다.

3.4 화재위험물

1. 국제 해상위험물 규칙(IMDG Code, International Maritime Dangerous Goods Code)에 따른 위험물 분류 체계[44)45)]

포장된 위험물의 해상운송에 관한 국제규칙으로서 국제해사기구(IMO, International Maritime Organization)가 해상에서의 인명 안전에 관한 협약인 국제 해상인명안전협약(SOLAS, Safety of Life at Sea) 제7장(위험물의 운송)에 따라 1965년에 제정한 강행규정이며, 이후 산업의 발전에 따라 격년으로 개정되고 있다.

국제 해상위험물 규칙에는 포장 형태의 위험물을 그 위험 특성에 따라 제1급(화약류)~제9급(기타 위험물)까지 분류하고, 이들 각 급(class)의 판정 기준, 포장 방법, 표시 및 표찰 부착 방법, 포장 용기의 제조 및 시험 기준, 위험물 운송 서류, 선상에서의 위험물 적재 및 격리 방법 등 포장

44) [네이버 지식백과] 국제해상위험물규칙[International Maritime Dangerous Goods Code] (해양수산 용어사전, 2020. 5.).
45) 윤용균, 화재공학개론, 도서출판 화수목(2015).

위험물의 해상운송에 관한 기본원칙이 규정되어 있다. 또한, 위험물의 화재나 누출 시 비상 대응 절차, 인명사고 시 의료 응급처치 지침 및 선박에서 살충제의 안전 사용 방법 등에 관한 규정도 수록되어 있다.

위험물은 그 특성에 따라 건강 또는 재산상의 손실을 일으킬 뿐만 아니라, 해양 환경에도 나쁜 영향을 미칠 수 있다.

표 1.13 위험물의 특성[46)]

구분	특징	품목	
독성	삼키거나 흡입, 피부에 접촉 시 사망 또는 중상을 일으킴	살충제, 염료 등	 
인화성	발화원에 의한 화재나 폭발의 위험성이 있음	페인트, 접착제 등	 
부식성	피부 괴사나 금속표면에 부식을 일으킴	황산, 질산, 배터리 등	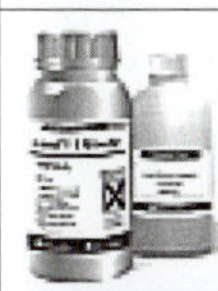 
환경유해성	수생환경을 오염시킴	농약, 해양오염물질 등	 

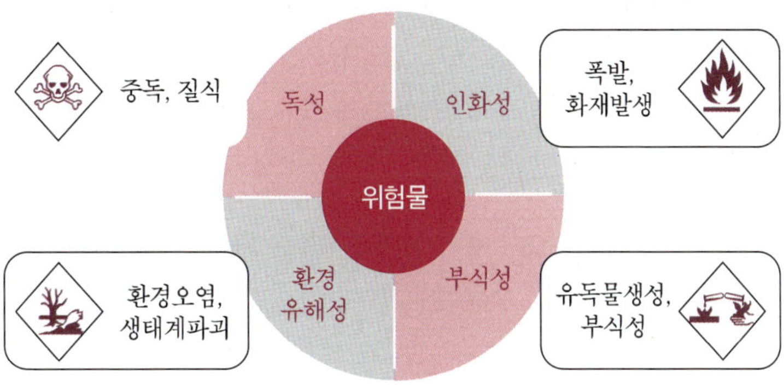

그림 1.17 위험물의 특성[47)]

46) www.mof.go.kr〉jfile, 해양수산부 국제해상물위험물규칙(IMDG Code) 소개.

1) 제1급(Class 1) 화약류(Explosives)

화약류는 가열로 인한 내용물의 팽창으로 과압이 발생하여 폭발적인 파괴가 일어나는 저장 용기부터 구성성분에 산소를 포함하고 있어 폭굉을 일으키는 화합물까지 범위가 매우 넓다. 폭굉이 발생하는 화합물은 연소과정에서 대기 중 산소가 중요하게 작용하지 않으며, 화염전파가 급속히 일어나 폭심부 폭발(seated explosion)이 일어난다. 증기나 분진 상태로 있는 연료가 연소하면서 밀폐 공간 내의 압력이 높게 증가할 때 비 폭심부 폭발이 자주 발생한다.

공기 중에 확산한 연료가 발화한 후 화염이 매우 빠르게 전파하는 백 드래프트의 경우, 폭발할 정도의 압력 상승이 발생한다. 밀폐 공간에서 충분한 압력 상승이 일어날 정도로 반응속도가 빠른 연료 모두에서 폭발이 발생할 수 있는데 밀폐 공간에 입자상으로 퍼져있는 분진과 건물 내 확산한 휘발유 증기가 화약류로 작용할 수 있는 연료의 예가 된다.

폭발은 폭굉과 폭연으로 나눌 수 있는데, 연료에서의 화염전파속도에 따라 달라진다. 폭굉은 화염전파속도가 초음속으로 충격파를 동반하면서 물질을 파괴하는 경향이 있지만, 폭연은 화염전파속도가 아음속으로 물질을 파괴하는 것보다는 추진하는 경향이 있다.

2) 제2급(Class 2) 기체류(Gases)

- 제2.1급(class 2.1) : 인화성 가스(flammable gases)
- 제2.2급(class 2.2) : 비인화성, 비 독성가스
(non-flammable, non-toxic gases)
- 제2.3급(class 2.3) : 독성가스(toxic gases)

가스를 압축하여 저장할 때 또 다른 물리적 위험성이 존재한다. 압축가스가 들어있는 용기가 가열되면 저장 가스의 발화가 쉽든지 불활성이든지 간에 비등 액체 팽창 증기 폭발(boiling liquid expanding vapor explosion, BLEVE)이 발생할 수 있다. 용기 내 압력이 증가하면서 용기의 파열이 발

47) www.mof.go.kr>jfile, 해양수산부 국제해상물위험물규칙(IMDG Code) 소개.

생할 수 있고 이에 따라 실린더나 실린더 부품이 날아가 사람에게 위해를 가할 수 있다. 압축가스라 생각되는 어떤 화학물질은 휘발성이 강해서 실린더 내에서 연소 작용이 일어날 수 있다. 아세틸렌(acetylene)과 에틸렌옥사이드(ethylene oxide)와 같은 가스들은 용기 내에서 연소할 수 있으며 용기 내에서 연소가 발생하면 과압에 따른 위험성이 증가한다. 휘발성 가스들을 취급할 때는 극도로 주의한다.

3) 제3급(Class 3) 인화성액체(Flammable liquids)

인화점이 37.8℃(100℉) 미만인 비교적 쉽게 연소할 수 있는 증기를 생성하는 액체를 인화성액체라 하는데 액체 자체가 연소하는 것이 아니라 실제로는 액체로부터 생성된 증기가 연소한다. 액체의 온도가 증가함에 따라 표면으로부터 증기가 계속 발생하고 발생한 증기가 연소한계 내에 들면 발화가 발생할 수 있다. 증기가 연소하며 방출하는 연소반응열로 인해 나머지 미연소 액체가 가열되고, 이에 따라 연소반응을 일으킬 수 있는 증기가 계속 발생한다. 외부 열원, 주위 공기나 화염으로부터 연료 표면으로 향하는 복사열로 인해 액체가 가열될 수 있다.

4) 제4급(Class 4) 가연성 물질류(Flammable solids; substances liable to spontaneous combustion; Substances which, in contact with water, emit flammable gases)

- 제4.1급(class 4.1) : 가연성 고체, 자기반응성물질, 둔감화 된 화약류(Flammable solids, Self-reactive substances and solids desensitized explosives)
- 제4.2급(class 4.2) : 자연발화성물질(substances liable to spontaneous combustion)
- 제4.3급(class 4.3) : 물과 접촉하여 인화성 가스를 방출하는 물질(Substances which, in contact with water, emit flammable gases)

가연성 고체는 가연성이 강하기 때문에 위험성이 더 크며 다음과 같은 것들을 포함한다.

- 둔감하나 연소가 가능한 화약류

- 공기 중의 산소가 없이도 발열반응이 일어나는 반응성 고체
- 성냥 머리에 도포한 화학물질과 같이 마찰로 발화가 되는 화학물질
- 공기 중의 산소와 접촉하면 발화가 되는 자기 발화성 고체
- 공기 중에서 자연적으로 열이 축적되는 고체
- 물과 반응하면 발화하거나 인화성 가스를 발생하는 물질

5) 제5급(Class 5) 산화성 물질 및 유기과산화물(Oxidizing substances and Organic peroxides)

- 제5.1급(class 5.1) : 산화성 물질(oxidizing substances)
- 제5.2급(class 5.2) : 유기과산화물(organic peroxides)

이 등급에 속하는 물질들의 위험성은 쉽사리 산소를 방출하여 연소 작용이 일어나도록 하는 것이다. 많은 산화제는 불연성 물질이지만 발화성 연료의 발화 가능성을 높여주고 연소속도를 증가시키는 경향이 있다.

유기과산화물은 화학구조 내에 탄소와 산소(2가의 과산화기[-O-O-])를 포함하고 있는 화학물질로서 과산화물에 들어 있는 원자들은 급속히 분해하여 산화반응에 참여하는 다른 화합물과 화학적으로 결합하는데 이런 반응은 폭발력을 유발할 정도로 연소속도 즉, 화염전파속도가 아주 빠르다.

6) 제6급(Class 6) 독물 및 전염성 물질(Toxic and Infectious substances)

- 제6.1급(class 6.1) : 독물(toxic substances)
- 제6.2급(class 6.2) : 전염성 물질(infectious substances)

사이안화물 같은 화학물질은 연소하면서 독성가스를 방출하기도 하고, 어떤 고체 독성 물질은 발화성 액체에 용해되기도 한다. 또 다른 독성 물질 중에는 발화성 가스로 인해 공기 중으로 방출되는 것도 있다. 독성 물질의 발화성이 일차적으로 중요한 문제는 아니다. 문제는 민간인이 독성 물질에 노출되거나 소방관들이 소화 활동을 하는 도중에 노출되는 경우이다.

7) 제7급(Class 7) 방사성 물질(Radioactive material)

방사성 물질이 관련된 화재위험성을 들면 핵분열반응과 핵융합반응을 통해 주변 가연물을 발화시킬 정도로 충분한 열을 발생시킨다는 것이다. 핵반응로는 핵 제어반응을 통해 생성된 열로 전기를 생산하는데, 발생한 열로 물을 가열하여 수증기를 만든다. 수증기압은 발전기에 연결된 터빈을 돌리는 동력원으로 작용하고, 이에 따라 전기가 만들어진다. 만일 가연물이 반응로에 가깝게 있다면 발화가 발생할 수도 있다.

수소폭탄은 핵융합반응을 이용하고 원자폭탄은 핵분열반응을 이용한다. 수소폭탄과 원자폭탄은 상당히 멀리 떨어진 가연물도 점화시킬 수 있는 충분한 열에너지를 방출한다. 또한 폭발 지점에 있는 가스를 급속히 가열함으로써 상당한 크기의 충격파를 발생시킨다.

8) 제8급(Class 8) 부식성 물질(Corrosive substances)

부식성 물질은 원자구조 내에서 전자가 부족하거나(산) 과잉인(염기) 화학물질을 말한다. 물질은 자연적으로 균형을 이루려는 성질이 있어서 부식성 물질은 다른 물질에 해로운 영향을 미친다. 부식도는 0~14의 범위를 갖는 pH로 표시한다. 중앙값인 pH 7은 중성을 나타낸다. pH가 7 미만인 물질을 산성, 7 이상인 물질을 염기성이라 한다. pH가 7에서 멀어질수록 부식성이 강해진다.

부식성 물질과 다른 물질이 반응하는 경우 발열반응을 나타내는 경우가 자주 있어서 부식성 물질은 화재위험성을 동반한다. 여러 반응이 반응을 통해 수소를 생성하는 경향이 있다는 것은 반응열이나 화재지역에 있는 다른 열원으로 인해 발화할 수 있다는 것을 뜻한다.

9) 제9급(Class 9) 유해성 물질(Miscellaneous dangerous substances and articles)

유해성 물질은 항공운송과 선박운송을 하는 도중에 유출되었을 때 발생하는 위험성과 관련이 있고 화재와 관련된 위험성은 없으므로 연소와는 무관한 위험물로 간주해도 된다.

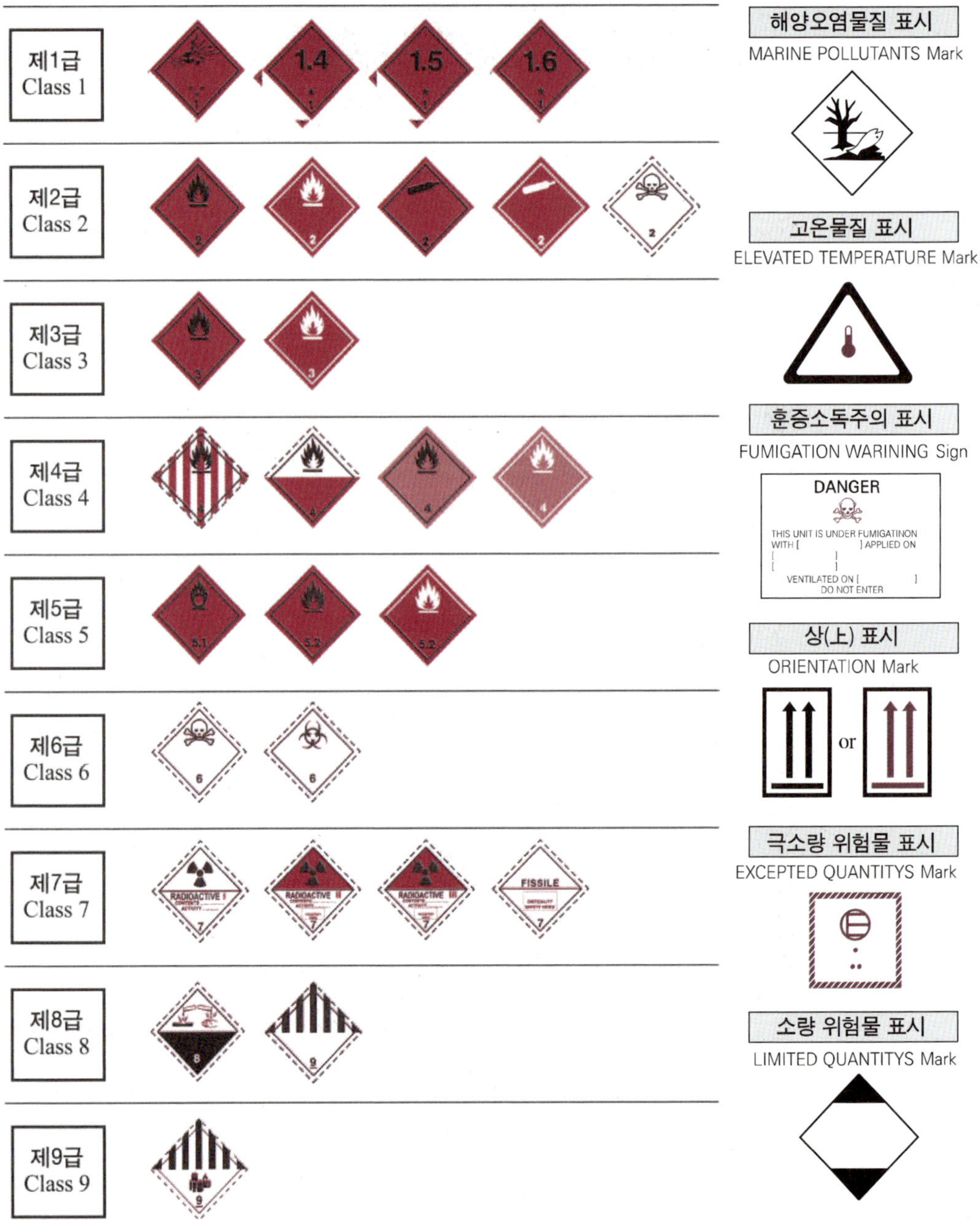

그림 1.18 위험물의 표찰 및 표시[48)]

48) www.mof.go.kr〉jfile, 해양수산부 국제해상물위험물규칙(IMDG Code) 소개.

2. 국내 위험물안전관리법에 따른 위험물의 분류[49)]

표 1.14 위험물안전관리법 시행령 별표 1 위험물 및 지정수량

위험물			지정수량
유별	성질	품명	
제1류	산화성 고체	1. 아염소산염류	50kg
		2. 염소산염류	50kg
		3. 과염소산염류	50kg
		4. 무기과산화물	50kg
		5. 브로민산염류	300kg
		6. 질산염류	300kg
		7. 아이오딘산염류	300kg
		8. 과망가니즈산염류	1,000kg
		9. 중크로뮴산염류	1,000kg
		10. 그 밖에 행정안전부령으로 정하는 것 11. 제1호 내지 제10호의 1에 해당하는 어느 하나 이상을 함유한 것	50kg, 300kg 또는 1,000kg
제2류	가연성 고체	1. 황화인	100kg
		2. 적린	100kg
		3. 황	100kg
		4. 철분	500kg
		5. 금속분	500kg
		6. 마그네슘	500kg
		7. 그 밖에 행정안전부령으로 정하는 것 8. 제1호 내지 제7호의 1에 해당하는 어느 하나 이상을 함유한 것	100kg 또는 500kg
		9. 인화성 고체	1,000kg
제3류	자연발화성 물질 및 금수성 물질	1. 포타슘	10kg
		2. 나트륨	10kg
		3. 알킬알루미늄	10kg
		4. 알킬리튬	10kg
		5. 황린	20kg
		6. 알칼리금속(포타슘 및 나트륨을 제외한다) 및 알칼리토금속	50kg

49) 법제처 국가법령정보센터, 위험물안전관리법 시행령(시행 2022. 1. 1).

		7. 유기금속화합물(알킬알루미늄 및 알킬리튬을 제외한다)		50kg
		8. 금속의 수소화물		300kg
		9. 금속의 인화물		300kg
		10. 칼슘 또는 알루미늄의 탄화물		300kg
		11. 그 밖에 행정안전부령으로 정하는 것 12. 제1호 내지 제11호의 1에 해당하는 어느 하나 이상을 함유한 것		10kg, 20kg, 50kg 또는 300kg
제4류	인화성액체	1. 특수인화물		50 ℓ
		2. 제1석유류	비수용성 액체	200 ℓ
			수용성 액체	400 ℓ
		3. 알코올류		400 ℓ
		4. 제2석유류	비수용성 액체	1,000 ℓ
			수용성 액체	2,000 ℓ
		5. 제3석유류	비수용성 액체	2,000 ℓ
			수용성 액체	4,000 ℓ
		6. 제4석유류		6,000 ℓ
		7. 동식물 유류		10,000 ℓ
제5류	자기반응성 물질	1. 유기과산화물		10kg
		2. 질산에스터류		10kg
		3. 나이트로화합물		200kg
		4. 나이트로소화합물		200kg
		5. 아조화합물		200kg
		6. 다이아조화합물		200kg
		7. 하이드라진 유도체		200kg
		8. 하이드록실아민		100kg
		9. 하이드록실아민염류		100kg
		10. 그 밖에 행정안전부령으로 정하는 것 11. 제1호 내지 제10호의 1에 해당하는 어느 하나 이상을 함유한 것		10kg, 100kg 또는 200kg
제6류	산화성액체	1. 과염소산		300kg
		2. 과산화수소		300kg
		3. 질산		300kg
		4. 그 밖에 행정안전부령으로 정하는 것		300kg
		5. 제1호 내지 제4호의 1에 해당하는 어느 하나 이상을 함유한 것		300kg

산화성 고체는 고체[액체(1기압 및 20℃에서 액상인 것 또는 20℃ 초과 40℃ 이하에서 액상인 것을 말한다) 또는 기체(1기압 및 20℃에서 기상인 것) 외의 것을 말한다]로서 산화력의 잠재적인 위험성 또는 충격에 대한 민감성을 판단하기 위하여 소방청장이 정하여 고시하는 시험에서 고시로 정하는 성질과 상태를 나타내는 것을 말한다. 이 경우 "액상"이라 함은 수직으로 된 시험관(안지름 30㎜, 높이 120㎜의 원통형 유리관을 말한다)에 시료를 55㎜까지 채운 다음 당해 시험관을 수평으로 하였을 때 시료 액면의 선단이 30㎜를 이동하는 데 걸리는 시간이 90초 이내에 있는 것을 말한다.

가연성 고체는 고체로서 화염에 의한 발화의 위험성 또는 인화의 위험성을 판단하기 위하여 고시로 정하는 시험에서 고시로 정하는 성질과 상태를 나타내는 것을 말한다.

황은 순도가 60 wt % 이상인 것을 말한다. 이 경우 순도측정에 있어서 불순물은 활석 등 불연성 물질과 수분에 한한다.

철분은 철의 분말로서 53㎛의 표준체를 통과하는 것이 50 wt % 미만인 것은 제외한다.

금속분은 알칼리금속·알칼리토류금속·철 및 마그네슘 외의 금속 분말을 말하고, 구리분·니켈분 및 150㎛의 체를 통과하는 것이 50 wt % 미만인 것은 제외한다.

마그네슘 및 제2류 제8호의 물품 중 마그네슘을 함유한 것에 있어서는 다음 각목의 1에 해당하는 것은 제외한다.

- 2㎜의 체를 통과하지 아니하는 덩어리 상태의 것
- 지름 2㎜ 이상의 막대 모양의 것

황화린·적린·황 및 철분은 제2호에 따른 성질과 상태가 있는 것으로 본다.

인화성 고체는 고형알코올 그 밖에 1기압에서 인화점이 40℃ 미만인 고체를 말한다.

자연발화성물질 및 금수성 물질은 고체 또는 액체로서 공기 중에서 발화의 위험성이 있거나 물과 접촉하여 발화하거나 가연성기체를 발생하는 위험성이 있는 것을 말한다.

칼륨·나트륨·알킬알루미늄·알킬리튬 및 황린은 제9호의 규정에 따른 성상이 있는 것으로 본다.

인화성액체는 액체(제3석유류, 제4석유류 및 동식물 유류의 경우 1기압과 20℃에서 액체인 것만 해당한다)로서 인화의 위험성이 있는 것을 말한다. 다만, 다음 각 목의 어느 하나에 해당하는 것을 법 제20조 제1항의 중요기준과 세부기준에 따른 운반 용기를 사용하여 운반하거나 저장(진열 및 판매를 포함한다)하는 경우는 제외한다.

- 「화장품법」 제2조 제1호에 따른 화장품 중 인화성액체를 포함하고 있는 것
- 「약사법」 제2조 제4호에 따른 의약품 중 인화성액체를 포함하고 있는 것
- 「약사법」 제2조 제7호에 따른 의약외품(알코올류에 해당하는 것은 제외한다) 중 수용성인 인화성액체를 50 vol % 이하로 포함하고 있는 것
- 「의료기기법」에 따른 체외 진단용 의료기기 중 인화성액체를 포함하고 있는 것
- 「생활 화학제품 및 살생물제의 안전관리에 관한 법률」 제3조 제4호에 따른 안전 확인 대상 생활 화학제품(알코올류에 해당하는 것은 제외한다) 중 수용성인 인화성액체를 50 vol % 이하로 포함하고 있는 것

특수인화물은 이황화탄소, 다이에틸에터 그 밖에 1기압에서 발화점이 100℃ 이하인 것 또는 인화점이 -20℃ 이하이고 비점이 40℃ 이하인 것을 말한다.

제1석유류는 아세톤, 휘발유 그 밖에 1기압에서 인화점이 21℃ 미만인 것을 말한다.

알코올류는 1분자를 구성하는 탄소 원자의 수가 1개부터 3개까지인 포화1가 알코올(변성알코올을 포함한다)을 말한다. 다만, 다음 각목의 1에 해당하는 것은 제외한다.

• 1분자를 구성하는 탄소 원자의 수가 1개나 3개의 포화1가 알코올의 함유량이 60 wt % 미만인 수용액
• 가연성 액체량이 60 wt % 미만이고 인화점 및 연소점(태그 개방식 인화점측정기에 의한 연소점을 말한다)이 에틸알코올 60 wt % 수용액의 인화점 및 연소점을 초과하는 것

제2석유류는 등유, 경유 그 밖에 1기압에서 인화점이 21℃ 이상 70℃ 미만인 것을 말한다. 다만, 도료류 그 밖의 물품에 있어서 가연성 액체량이 40 wt % 이하이면서 인화점이 40℃ 이상인 동시에 연소점이 60℃ 이상인 것은 제외한다.

제3석유류는 중유, 클레오소트유 그 밖에 1기압에서 인화점이 70℃ 이상 200℃ 미만인 것을 말한다. 다만, 도료류 그 밖의 물품은 가연성 액체량이 40 wt % 이하인 것은 제외한다.

제4석유류는 기어유, 실린더유 그 밖에 1기압에서 인화점이 200℃ 이상 250℃ 미만의 것을 말한다. 다만 도료류 그 밖의 물품은 가연성 액체량이 40 wt % 이하인 것은 제외한다.

동식물 유류는 동물의 지육(머리, 내장, 다리를 잘라 내고 아직 부위별로 나누지 않은 고기를 말한다) 등 또는 식물의 종자나 과육으로부터 추출한 것으로서 1기압에서 인화점이 200℃ 미만인 것을 말한다. 다만, 법 제20조 제1항의 규정에 따라 행정안전부령으로 정하는 용기 기준과 수납·저장기준에 따라 수납되어 저장·보관되고 용기의 외부에 물품의 통칭명, 수량 및 화기엄금(화기엄금과 동일한 의미를 갖는 표시를 포함한다)의 표시가 있는 경우를 제외한다.

자기반응성물질은 고체 또는 액체로서 폭발의 위험성 또는 가열 분해의 격렬함을 판단하기 위하여 고시로 정하는 시험에서 고시로 정하는 성질과 상태를 나타내는 것을 말한다.

제5류 제11호의 물품에 있어서는 유기과산화물을 함유하는 것 중에서

불활성 고체를 함유하는 것으로서 다음 각목의 1에 해당하는 것은 제외한다.

- 과산화벤조일의 함유량이 35.5 wt % 미만인 것으로서 전분 가루, 황산칼슘2수화물 또는 인산1수소칼슘2수화물과의 혼합물
- 바이스(4클로로벤조일)퍼옥사이드의 함유량이 30 wt % 미만인 것으로서 불활성 고체와의 혼합물
- 과산화지크밀의 함유량이 40 wt % 미만인 것으로서 불활성 고체와의 혼합물
- 1·4바이스(2-터셔리뷰틸퍼옥시아이소프로필)벤젠의 함유량이 40 wt % 미만인 것으로서 불활성 고체와의 혼합물
- 사이클로헥세인올퍼옥사이드의 함유량이 30 wt % 미만인 것으로서 불활성 고체와의 혼합물

산화성액체는 액체로서 산화력의 잠재적인 위험성을 판단하기 위하여 고시로 정하는 시험에서 고시로 정하는 성질과 상태를 나타내는 것을 말한다.

과산화수소는 그 농도가 36 wt % 이상인 것에 한하며, 제21호의 성상이 있는 것으로 본다.

질산은 그 비중이 1.49 이상인 것에 한하며, 제21호의 성상이 있는 것으로 본다.

표 1.14의 성질란에 규정된 성상을 2가지 이상 포함하는 물품(이하 이 호에서 "복수 성상 물품"이라 한다)이 속하는 품명은 다음 각목의 1에 의한다.

- 복수 성상 물품이 산화성 고체의 성상 및 가연성 고체의 성상을 가지는 경우 : 제2류 제8호의 규정에 따른 품명
- 복수 성상 물품이 산화성고체의 성상 및 자기반응성물질의 성상을 가지는 경우 : 제5류 제11호의 규정에 따른 품명
- 복수 성상 물품이 가연성 고체의 성상과 자연발화성물질의 성상 및 금수성 물질의 성상을 가지는 경우 : 제3류 제12호의 규정에 따른 품명
- 복수 성상 물품이 자연발화성물질의 성상, 금수성 물질의 성상 및 인화

성액체의 성상을 가지는 경우 : 제3류 제12호의 규정에 따른 품명

- 복수 성상 물품이 인화성액체의 성상 및 자기반응성물질의 성상을 가지는 경우 : 제5류 제11호의 규정에 따른 품명

표 1.14의 지정수량란에 정하는 수량이 복수로 있는 품명에 있어서는 당해 품명이 속하는 유의 품명 가운데 위험성의 정도가 가장 유사한 품명의 지정수량란에 정하는 수량과 같은 수량을 당해 품명의 지정수량으로 한다. 이 경우 위험물의 위험성을 실험·비교하기 위한 기준은 고시로 정할 수 있다.

표 1.14의 기준에 따라 위험물을 판정하고 지정수량을 결정하는 데 필요한 실험은 「국가표준기본법」 제23조에 따라 인정을 받은 시험 · 검사기관, 기술원, 국립소방연구원 또는 소방청장이 지정하는 기관에서 실시할 수 있다. 이 경우 실험 결과에는 실험한 위험물에 해당하는 품명과 지정수량이 포함되어야 한다.

3. 국내 소방기본법에 따른 위험물의 분류[50)]

표 1.15 소방기본법 시행령 별표 2 특수가연물(제6조 관련)

품명		수량
면화류		200kg 이상
나무껍질 및 대팻밥		400kg 이상
넝마 및 종이 부스러기		1,000kg 이상
사류		1,000kg 이상
볏짚류		1,000kg 이상
가연성 고체류		3,000kg 이상
석탄·목탄류		10,000kg 이상
가연성 액체류		$2m^3$ 이상
목재 가공품 및 나무 부스러기		$10m^3$ 이상
합성수지류	발포시킨 것	$20m^3$ 이상
	그 밖의 것	3,000kg 이상

50) 법제처 국가법령정보센터, 소방기본법 시행령(시행 2021. 5. 4).

면화류는 불연성 또는 난연성이 아닌 면상 또는 팽이 모양의 섬유와 마사 원료를 말한다.

넝마 및 종이 부스러기는 불연성 또는 난연성이 아닌 것(동식물 유가 깊이 스며들어 있는 옷감·종이 또는 이들의 제품을 포함한다)에 한한다.

사류는 불연성 또는 난연성이 아닌 실(실 부스러기와 솜털을 포함한다)과 누에고치를 말한다.

볏짚류는 마른 볏짚·마른 북데기와 이들의 제품 및 건초를 말한다.

가연성 고체류는 고체로서 다음 각목의 것을 말한다.

- 인화점이 40℃ 이상 100℃ 미만인 것
- 인화점이 100℃ 이상 200℃ 미만이고, 연소 열량이 1g당 8㎉ 이상인 것
- 인화점이 200℃ 이상이고 연소 열량이 1g당 8㎉ 이상인 것으로서 융점이 100℃ 미만인 것
- 1기압과 20℃ 초과 40℃ 이하에서 액상인 것으로서 인화점이 70℃ 이상 200℃ 미만이거나 두 번째 목 또는 세 번째 목에 해당하는 것

석탄·목탄류에는 코크스, 석탄 가루를 물에 갠 것, 조개탄, 연탄, 석유코크스, 활성탄 및 이와 유사한 것을 포함한다.

- 1기압과 20℃ 이하에서 액상인 것으로서 가연성 액체량이 40 wt % 이하이면서 인화점이 40℃ 이상 70℃ 미만이고 연소점이 60℃ 이상인 물품
- 1기압과 20℃에서 액상인 것으로서 가연성 액체량이 40 wt % 이하이고 인화점이 70℃ 이상 250℃ 미만인 물품
- 동물의 기름기와 살코기 또는 식물의 씨나 과일의 살로부터 추출한 것으로서 다음의 1에 해당하는 것
- 1기압과 20℃에서 액상이고 인화점이 250℃ 미만인 것으로서 「위험물안전관리법」 제20조 제1항의 규정에 따른 용기 기준과 수납·저장기준에 적합하고 용기 외부에 물품명·수량 및 "화기엄금" 등의 표시를 한 것

- 1기압과 20℃에서 액상이고 인화점이 250℃ 이상인 것

합성수지류는 불연성 또는 난연성이 아닌 고체의 합성수지제품, 합성수지 반제품, 원료합성수지 및 합성수지 부스러기(불연성 또는 난연성이 아닌 고무 제품, 고무 반제품, 원료 고무 또는 고무 부스러기를 포함한다)를 말한다. 다만, 합성수지의 섬유·옷감·종이 및 실과 이들의 넝마와 부스러기를 제외한다.

CHAPTER 02

연소의 개요

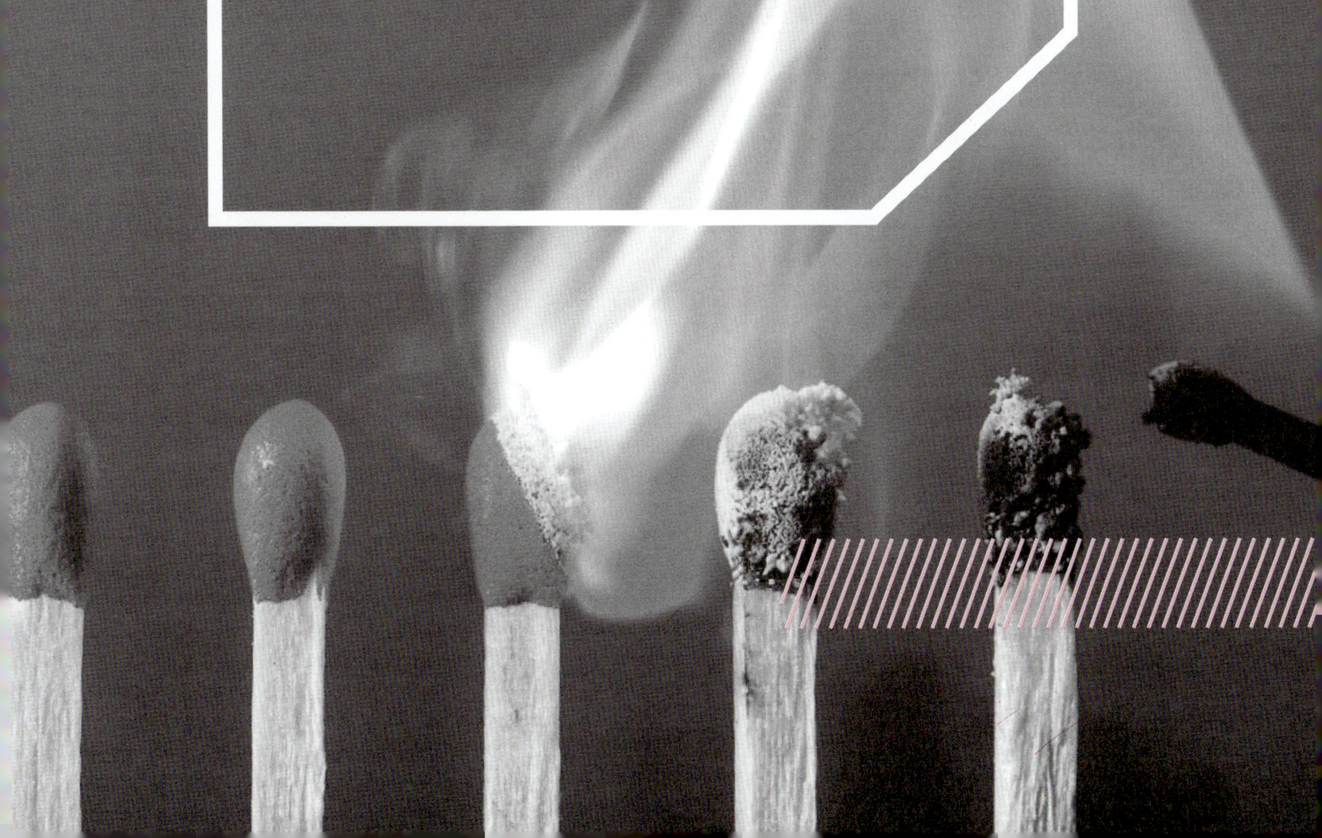

CHAPTER 02

연소의 개요

학습목표

- 연소의 정의와 연소의 3요소 및 4요소에 대해서 학습한다.
- 연소화학과 연소반응의 수지식에 대해서 학습한다.
- 연소생성물의 정의, 위험성, 위험 요소에 대해서 학습한다.
- 연기의 정의와 특성, 건축 화재에서 발생하는 연기에 대해서 학습한다.
- 화염의 생성과 열의 생성에 대해서 학습한다.
- 연소 가스의 종류 및 종류, 위험성 및 유독성, 화재 시 발생하는 유해성 기체에 대해서 학습한다.

1 연소

1.1 연소의 개념

1. 연소의 정의[1)2)]

아주 오래전부터 불은 난방, 조명, 조리 등 우리의 일상에서 아주 유용한 수단과 도구로 이용되었으며, 한편으로는 화재로 인해 많은 재산과 생명을 잃음으로써 위협의 대상으로 여겨지고 있다. 불과 화재는 영어로 모두 'fire'라는 용어로 표현하는데 한 가지 현상에 대해서 어떻게 바라보느냐에 따라 유용한 존재이기도 하지만 공포의 대상이 될 수도 있다는 점에 우리는 관심을 모아야 한다.

표 2.1에서 보듯이 여러 학자는 화재(불)와 연소에 대해서 제각기 다른 정의를 하였는데 이 중에서 '열', '빛' 그리고 '산화반응'이라는 용어들이 공통으로 사용되는 것으로부터 이들이 중요한 역할을 하고 있음을 알 수 있다.

불과 화재의 연장선상에서 연소 현상의 개념을 살펴볼 수 있는데 결국, **연소(combustion)**는 '열과 빛을 동반하는 급속한 산화반응으로서 자기

---

1) 이해평, 박영주, 연소공학, 도서출판 화수목(2018).

2) 윤용균, 화재공학개론, 도서출판 화수목(2019).

지속적인 화학 과정'이라고 정의할 수 있다. 즉, 연소란 발열·산화반응이며, 발열반응이 증가할수록 온도가 높아지고 분자의 활동도 증가하여 에너지가 상승함으로써 열 복사선이 방출되는 현상이다. 온도가 더욱 높아지면 열 복사선의 방출도 증가하고 파장이 짧아져서 우리가 볼 수 있는 가시광선을 방출하면서 빛을 내는데 이때 가연물이 불완전연소를 하면 연기를 발생하기도 한다. 하지만 무염연소의 경우는 화염을 생성하지 않고 **작열**(glow), **탄화**(carbonization), **열적 분해**(thermal degradation or thermal decomposition)를 할 수도 있다.

가정에서 흔히 사용하는 도시가스, 프로페인 가스 등의 연소나 초, 나무, 종이를 태우는 것들이 연소반응의 예라고 할 수 있으며, 물질이 가진 화학에너지를 열에너지로 쉽게 전환할 수 있는 현상이다.

효소가 작용하는 호흡과 같이 생체 내에서의 느린 산화반응, 철이 산소와 반응하여 녹이 스는 산화반응, 질소와 산소가 반응하는 흡열·산화반응, 음식물이 공기 중에서 산패하는 현상 등은 산화반응일지라도 연소반응과 구별한다.

표 2.1 불/화재, 연소의 정의 사례

학자 또는 기관	구분	정의
Dr. Raymond Friedman	연소	어떤 물질과 산소 간에 일어나는 발열·화학반응
Merriam-Webster 사전	연소	보통 열을 발생시키고 보통 빛을 내는(산화와 같은) 빠른 화학적 과정
	불	연금술사의 네 가지 요소 중 하나이며, 빛, 불꽃, 열로 나타나는 연소 현상
	화재	(건물 등의) 파괴적인 연소
Dr. James Quintiere	화재	빛과 충분한 에너지를 발생하는 제어되지 않은 화학반응
Dr. Vyto Babrauskus	화재	빛, 화염, 열 또는 연기 중의 일부나 전부를 방출하는 파괴적 연소 작용
Dr. John DeHaan	화재	열과 빛이 방출되는 급속한 산화작용으로 제어되지 않은 연소 작용
NFPA 921	화재	화학반응의 일종인 급속한 산화 과정으로, 반응이 진행됨에 따라 강도가 다른 열과 빛을 방출

2. 연소 메커니즘

연료에 불이 나서 화재가 발생하는 것처럼, 연소가 외형상으로는 간단한 현상으로 보일 수 있지만, 연소는 화학반응의 일종인 산화반응으로서 반응 메커니즘과 반응이 전개되는 과정은 매우 복잡한 현상들로 구성되어 있다.

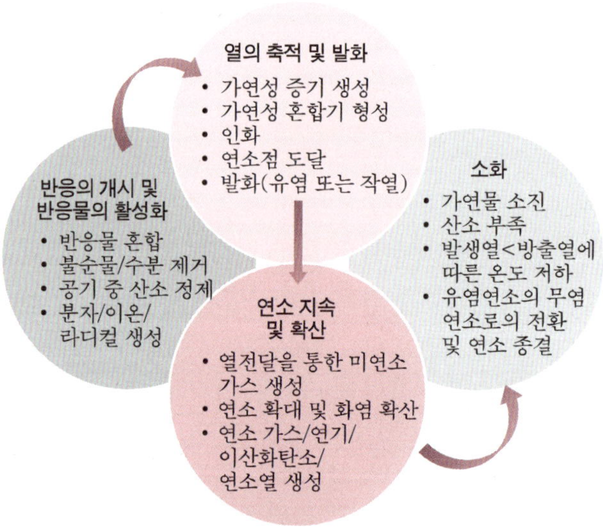

그림 2.1 연소의 전개 과정

연소의 전개 과정은 그림 2.1에 나타낸 것처럼 반응의 개시 및 반응물의 활성화 과정, 열의 축적 및 발화 과정, 연소 지속 및 확산과정, 그리고 소화 과정으로 크게 구분할 수 있다. 하지만 이 과정들은 가연물의 종류 및 반응 조건에 따라 소요 시간이 크게 다를 수 있으며, 단계들이 구분 없이 동시다발적으로 일어날 수 있다. 위키백과에 따르면 '발화점은 공기 중에서 물질을 가열할 때 스스로 발화하여 연소를 시작하는 최저온도로, 연소점, 착화점이라고도 한다. 즉 불씨가 될 만한 것이 있는 조건에서 휘발성 액체의 증기가 타기 시작하는 온도를 말한다.'라고 명시되어 있으며, 연소가 발화점에서 시작하는 것으로 기술하고 있는데, 대부분 사람은 연소를 화재에 국한해서 생각하다 보니 화염이 생성되면서 불이 붙는 현상만을 연소라고 착각할 수 있지만 앞에서 설명한 바와 같이 가연물과 공기가 혼합되고 에너지가 공급되는 시점부터 소화 단계에서 반응이 종결되는 시점까지의 모든 과정을 연소로 생각해야 한다.

그림 2.2는 연소가 전개되는 총괄 과정을 간략하게 도식화한 것으로서 연소를 이해하는데 필요한 몇 가지 용어와 조건들을 포함하고 있다.

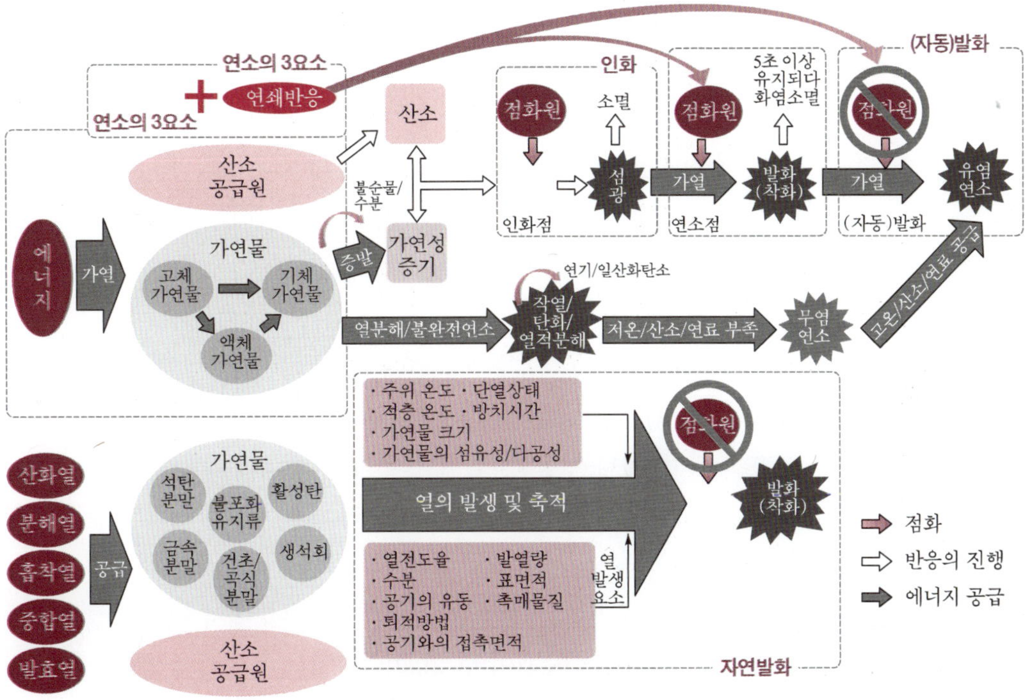

그림 2.2 연소 전개의 총괄 과정

1) 반응의 개시 및 반응물의 활성화 과정

이 과정은 반응물인 가연물과 산소공급원 물질의 혼합 단계와 에너지가 공급되면서 반응물의 결합이 파괴되면서 반응물이 활성화되는 단계를 거친다.

(1) 반응물의 혼합 단계[3)]

반응물 중 가연물은 고체, 액체, 기체 상태로 존재하는데 대부분 고체나 액체는 기체 상태로 상변화를 거치지만 목탄(숯), 코크스(cokes), 금속분 등 일부 가연물은 고체 상태를 유지하면서 반응하기도 한다. 이와 같은 상변화가 일어나려면 가열해야 하며, 현열보다 잠열의 영

3) [네이버 지식백과] 두산백과.

향을 받지만, 상온에서 상변화가 일어날 수도 있다.

- 상변화(phase change) : 열을 가함에 따라 물질이 고체, 액체, 기체로 변화하는 것을 상변화라고 하며, **상태변화**(change of state)라고도 한다. 기체가 액체로 변하는 **액화**(liquefaction), 액체가 기체로 변하는 **기화**(vaporization), 고체가 액체 과정을 거치지 않고 기체로 변하거나 기체가 바로 고체가 되는 **승화**(sublimation) 등이 있다.
- 현열(sensible heat) : 물질의 상변화는 없고 온도의 변화에만 관여하는 열량이다.
- 잠열(latent heat) : 물질의 상변화는 있고 온도의 변화에는 관여하지 않는 열량이다.
- 증발(evaporation) : 액체가 표면에서 기체로 변하는 현상으로 액체-증기 계면(interface)에서 기체의 증기압이 주어진 온도에서 액체의 포화증기압보다 낮을 때 일어난다.
- 비등(boiling) : 액체의 표면뿐만 아니라 내부에서도 기체로 변하는 현상이 일어나는 것이다.
- 증기(vapor)와 기체(gas) : 증기는 일정한 온도에서 압력을 증가시켜 액화시킬 수 있는 상태이며, 기체는 일정한 온도에서 압력을 증가시켜도 액화되지 않는 상태이다.

반응물 중 산소공급원 물질은 산소 자체가 될 수도 있지만 공기를 비롯해 산소를 공급해 주는 다양한 물질이 있으며, 구체적인 내용은 산소공급원을 다루는 절에서 설명하며, 여기서는 반응물로서 산소의 역할에 대해서 살펴보고자 한다. 연소의 반응성을 높이려면 가연물과 반응하는 산소가 순수물질로 공급될 필요가 있지만 대부분 산소 자체로 공급되기보다는 혼합물이나 화합물의 형태이다. 공기와 같은 혼합물일 경우, 부피분율이 79% 정도를 차지하는 질소의 존재는 불활성 기체로서 산소의 농도를 희석하는 **불활성화**(inerting) 효과를 일으켜서 연소효율을 떨어뜨릴 수 있다. 또한, 화합물일 경우, 산소를 얻기 위해서는 화합물의 결합을 파괴하는 데 필요한 에너지가 요구되므로 발화에 이르는 시간을 지연시킬 수도 있다.

연소가 진행되는 과정에서 주변의 환경도 반응에 영향을 줄 수 있는데, 온도, 압력, 습도, 가연물의 순도, 바람의 세기, 환기 상태, 개구부의 유무 등이 대표적인 예이다. 대부분 25℃, 1기압의 **상온 상압**(NTP, Normal Temperature and Pressure)이나 0℃, 1기압의 **표준온도압력**(STP, Standard Temperature and Pressure)에서 반응이 진행되므로 반응 초기에는 습도와 가연물의 순도 등이 영향을 줄 수 있다. 젖은 장작이 불이 잘 붙지 않는 것은 수분 때문이며, 물질 내 수분은 물질 표면에 붙어있는 **표면수**(surface water), 물질의 공극 내 존재하는 **공극수**(pore water), 그리고 물질의 결정 속에 일정한 화합비로 들어 있는 **결정수**(crystal water)의 형태로 존재한다. 반응이 진행되려면 이 수분을 제거하는데 열량이 필요하며, 수분의 함량에 따라서 요구되는 열량도 차이가 있다. 가연물의 불순물은 휘발성 물질일 경우, 가열하면 쉽게 제거할 수 있지만 쉽게 제거할 수 없는 물질도 있는데 이런 물질들은 연소가 종료되면 **재**(ash)와 같은 **잔류물**(residue)에 남아 있게 되며, 연소가 진행되는 동안 반응에 영향을 줄 수도 있는데 포함된 양의 정도에 따라 차이가 있다.

(2) 반응물의 활성화 단계

① 유효 충돌과 활성화에너지[4)5)]

두 가지 이상이 물질 사이에 화학 변화가 일어나서 다른 물질로 변화하거나 한 개 이상의 화학물질이 화학결합의 파괴와 생성을 통해 다른 물질로 변화하는 과정을 **화학반응**(chemical reaction)이라고 한다. 그런데 화학반응이 일어나려면 안정한 상태의 물질에 자극을 가해서 불안정한 상태가 되어야 한다. 즉, 화학반응이 일어나기 위해서는 안정한 상태인 반응물의 **화학결합**(chemical bond)을 파괴해야 하는데 그러기 위해서는 어떠한 형태로든 에너지를 공급해야 한다.

4) [네이버 지식백과] 유효 충돌(두산백과 두피디아, 두산백과).
5) [네이버 지식백과] 활성화에너지(화학백과).

화학반응이 일어나기 위해 반응물이 충돌해야 하며, 화학반응을 일으키는데 필요한 에너지는 이런 반응물이 충돌할 때 전달되는 에너지가 반응물의 입자 간의 결합을 끊는 데 이용되므로 반응물은 충분하게 빠른 속도로 충돌해야만 한다. 화학반응을 일으키기 충분한 에너지를 지닌 입자들이 반응이 일어날 수 있는 방향으로 충돌하는 것을 **유효 충돌**(efficient collision)이라고 한다. 유효 충돌을 일으킨 반응물의 분자는 반응을 진행할 수 있을 만큼의 에너지도 가지고 있어야 비로소 반응이 진행된다. 반응이 진행되기 위한 최소한의 에너지를 **활성화에너지**(activation energy)라고 하며, 활성화에너지 이상의 에너지를 가진 분자들이 유효 충돌을 일으켜야 반응이 진행될 수 있다. 단위 시간당 유효 충돌의 횟수가 증가하고 활성화에너지를 갖는 분자가 많아지면 반응속도는 빨라진다.

유효 충돌 횟수나 활성화에너지에 영향을 주는 요인들에는 농도, 표면적, 온도, 촉매 등이 있다. 먼저, 반응물의 농도를 높여주면 같은 부피 속에 존재하는 반응물이 많아지므로 분자들이 만날 확률이 높아지며 전체적인 충돌 횟수가 증가하기 때문에 유효 충돌 횟수 역시 증가해서 반응속도가 빨라진다. 반응 물질의 표면적이 넓을수록 반응 물질 간에 접촉할 수 있는 면적이 커져 유효 충돌 횟수가 증가하고, 온도를 높여주면 반응물들의 평균적인 운동에너지가 증가하므로 활성화에너지 이상의 에너지를 갖는 분자들의 수가 늘어나 반응속도가 빨라진다. 촉매는 반응의 진행 경로를 바꾸면서 활성화에너지를 낮추는 역할을 하므로 반응을 진행할 수 있을 만큼의 에너지를 가진 분자의 수가 증가하게 되고 반응속도도 빨라진다. 압력과 부피의 관계에서도 압력이 높으면 그만큼 부피는 줄어들고 줄어든 부피 안에서 분자들의 충돌 횟수가 증가하면 단위부피당 농도 증가의 효과가 이어서 반응속도가 증가한다.

활성화에너지는 반응물이 주변으로부터 받아들이는 열에너지 형태로 공급되는데 열에너지의 흡수는 반응물을 가속화시켜 더 자주 그리고 더 힘차게 충돌하게 만든다. 반응물 분자들에 있는 원자들을 동요시켜 결합이 절단될 가능성을 훨씬 크게 만든다. 결합을 끊기에 충분한 에너지를 분자들이 흡수하면 반응물은 **전이상태(transition state)** 또는 **활성화 상태**라고 알려진 불안정한 조건에 놓이며 이때가 활성화에너지의 제일 정상에 있는 상태이다.

- 활성 상태(activation state) : 정반응의 활성화에너지만큼의 에너지를 가진 분자가 반응물의 입자 사이 결합이 절반 정도 끊어짐과 동시에 생성물 입자 사이 결합이 절반 정도 형성된 상태로서 전이상태를 의미한다. 중간 과정의 에너지 수준을 갖는 상태로 반응이 쉽게 일어날 수 있지만 아직은 불완전한 화합물이다.
- 비활성 상태(inactivation state) : 에너지를 갖는 물질이 다른 반응물과 화학반응이 일어나지 않아서 활성화되지 않은 상태인데 불활성 상태와는 다르다.
- 불활성 상태(inactivation state) : 활성을 잃어버린 상태라서 전혀 다른 물질로 바뀌어 자극이나 다른 반응물과의 화학반응이 일어나더라도 원래 상태로 돌아가지 못하는 상태 즉, 분자구조가 바뀌어서 화학결합을 할 수 없는 상태이다.

② 분해, 이온, 라디칼

반응물은 화합물의 분해, 이온화, 유리기 생성 등을 통해서 더 작은 분자, 원자, 이온, 라디칼 등의 형태로 변환된 다음 반응하는데 이때도 에너지의 공급이 요구된다. 이온과 라디칼은 반응성이 매우 높고 원자 간에 전자를 공유하여 전자쌍을 완성하는 공유 결합을 형성한다.

- 분해[6] : 화합물이 화학반응으로 저분자량의 화합물로 변화하는 것을 말하지만, 일반적으로 **분해(decomposition)**는 열분해처럼 유기화합물 등의 공유 결합이 끊어져서 저분자화합물로 분해하는 것을 말한다. 또한, **분해(degradation)**는 유기화합물이 비교적 온화한 조건에서 반응하여 원래의 물질보다 분자량이 작은 화합

6) [네이버 지식백과] 분해(화학용어사전, 2011. 1. 15., 화학용어사전편찬회, 윤창주).

물을 생성하는 것이며, **분해**(cleavage)는 화학반응에 의해 두 원자 간의 화학결합이 절단되는 것으로 보통은 유기화합물의 반응으로 공유 결합이 끊어지는 것을 말한다.

- 이온(ion)[7] : 이온은 원자핵을 구성하는 양성자의 수와 원자핵 주위에 분포하고 있는 전자의 수가 같지 않아서 양전하나 음전하를 갖게 된 원자나 분자를 가리킨다. 안정한 동위원소에서는 핵변환이 일어나지 않기 때문에 원자핵을 구성하는 양성자와 중성자의 수는 일정하게 유지되지만, 원자핵 주위에 분포하고 있는 전자의 수는 화학적 환경에 따라 줄어들거나 늘어날 수 있다. 원자핵 주위에 분포하고 있는 전자가 떨어져 나가버리면, 양전하를 가진 양성자의 수가 음전하를 가진 전자의 수보다 많아져서 양전하를 가진 **양이온**(cation)이 된다. 반대로 원자핵 주위에 전자가 추가로 분포하게 되면, 전자의 수가 양성자의 수보다 많아져서 음전하를 가진 **음이온**(anion)이 된다. 기체 상태로 존재하는 원자가 전자를 잃어버리고 양이온이 되는 데 필요한 에너지를 **이온화 에너지**(ionization energy)라고 하고, 기체 상태로 원자가 전자를 받아들여 음이온이 되기 위해 방출해야 하는 에너지를 **전자 친화도**(electron affinity)라고 한다. 전기적으로 중성인 원자에서 전자가 떨어져 나가서 양이온이 되는 과정은 언제나 외부에서 에너지를 공급해 주어야 하는 흡열 과정이다. 그러나 전기적으로 중성인 원자에 전자를 추가로 더해주어 음이온이 되는 과정은 외부로 에너지가 방출되는 발열 과정일 수도 있고, 반대로 외부에서 에너지를 흡수하는 흡열 과정일 수도 있다. 다만 -1가의 음이온에 전자가 추가로 더해져서 -2가의 음이온이 되는 과정은 흡열 과정이다.

- 라디칼[8] : **라디칼**(radical) 또는 **자유 라디칼**(free radical)은 **홀전자**(unpaired electron)를 가진 원자(atom)나 분자(molecule)이다. 원자 간의 **공유 결합**(covalent bond)은 **공유 전자쌍**(electron

---

7) [네이버 지식백과] 이온(화학백과).
8) [네이버 지식백과] 라디칼(생화학백과).

pair)으로 이루어져 있으며, 이 결합이 **균일 분해**(homolytic cleavage) 과정을 거치면 각각의 원자는 홀전자를 갖게 되는데, 이 원자는 라디칼이 된다. 공유 결합이 균일 분해를 통해 자유 라디칼을 생성하기 위해서는 많은 에너지가 필요하고, 이렇게 형성된 자유 라디칼은 반응성도 높다.

표 2.2 이온과 라디칼의 차이

이온	라디칼
• 이온은 원자 또는 분자에 총 양수(전자<양성자)나 음수(전자>양성자)를 제공하는 총수와 같지 않은 총 전자수가 있는 원자나 분자 • 음이온과 양이온이 결합하여 이온 결합을 형성하고 전하를 중화할 수 있으며, 물에 용해되면 이온으로 분리됨	• 라디칼은 짝을 이루지 않은 원자가 전자를 가진 원자나 분자이지만, 원자나 분자의 궤도를 도는 전자의 수가 핵의 양성자 수와 일치하기 때문에 일반적으로 전하를 운반하지 않음
• 이온은 전하가 있고 자연의 이온은 반대 전하를 갖는 이온으로 보상되는 경향이 있음	• 라디칼은 중성이며 반응성이 매우 높아서 수명이 짧음
• 이온은 전하가 0이 아님	• 라디칼은 충전되지 않은 전자 껍질을 가진 원자를 가지고 있으므로 반응성이 매우 높지만, 전기적으로 중성임
• 이온은 전하를 전달한다. 즉, 전자와 양성자의 수가 일치하지 않으며, 전자는 음전하를 띠고 양성자는 양전하를 띠고 있음	• 라디칼은 짝을 이루지 않은 전자를 가지고 있지만 양성자의 수가 전자의 수와 같아서 순 전하가 없음

2) 열의 축적 및 발화 과정

외부로부터 에너지를 공급받아 반응의 개시 및 반응물의 활성화 과정이 진행되면 열의 축적 및 발화 과정도 함께 진행된다. 이 과정에서는 생성된 가연성 증기와 산소가 혼합하여 가연성 혼합기를 형성하고 열이 축적되면서 인화점, 연소점 그리고 자동발화점에 이르게 되고 주변 환경과 반응 조건에 따라 유염연소나 무염연소 형태로 진행된다. 그런데 가연물의 종류와 외부로부터 공급되는 에너지의 형태에 따라 자연발화가 일어날 수도 있다.

(1) 가연성 혼합기 형성

① 연소범위

가연성 증기(combustible vapor 또는 inflammable vapor)가

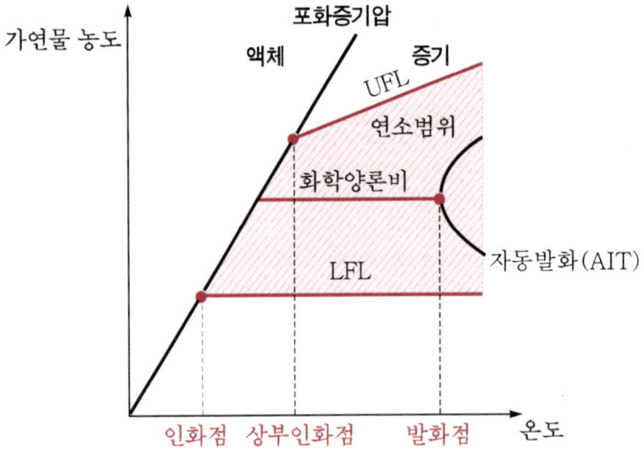

그림 2.3 포화증기압과 연소범위

생성되고 산소와 혼합하여 **가연성 혼합기**(flammable mixture)를 형성하는데 연소가 발생할 수 있는 가연성 혼합기의 농도 범위를 **연소범위**(flammability range)라고 한다. **연소하한계**(LFL, lower flammable limit)는 연소가 일어나는 가연성 증기의 최소농도(부피 백분율, volume percent[vol%])로서 연소하한계 이하의 농도에서는 가연성 증기의 농도가 희박해서 연소가 일어날 수 없다. **연소상한계**(UFL, upper flammable limit)는 연소가 일어나는 가연성 증기의 최고농도로서 연소상한계 이상의 농도에서는 산소의 농도가 희박해서 연소가 일어날 수 없다. 연소범위는 온도와 압력에 따라 달라지는데 온도와 압력이 증가하면 연소범위가 넓어지고 온도와 압력이 감소하면 연소범위가 좁아진다.

표 2.3 가연물의 연소범위(25℃, 1기압)

종류	LFL[%]	UFL[%]	종류	LFL[%]	UFL[%]
acetaldehyde	4.1	57	hydrogen cyanide	6	41
acetone	2.5	12.8	hydrogen sulfide	4.3	45
acetylene	2.5	81	hydrogen	4	75
ammonia	15	28	isopropylamine	2	10.4
benzene	1.4	7.1	methane	5	15
butane	1.8	8.4	methanol	7.3	36
carbon disulfide	1	44	methylethylketone	1.8	10
carbon monoxide	12.5	74	normal hexane	1.2	7.4
ethane	3	12.5	pentaborane	0.4	98
ethanol	4.3	19	propane	2.1	9.5
ether	1.9	48	propylene oxide	2.5	38.5
ethylene oxide	3	80	pyridine	1.8	12.4
gasoline	1.4	7.6	toluene	1.4	6.7

② 연소범위에 영향을 주는 인자

연소범위에 영향을 주는 인자에는 온도, 압력, 산소농도, 점화원의 크기, 불활성 기체 및 수분의 첨가 등이 있다.

일반적으로 온도가 10℃ 상승하면 반응속도는 2배 정도 증가하는데 이것은 전이상태 이론에서 활성화된 분자 수가 2배 증가함에 따라서 화학반응이 증가함으로써 반응속도가 약 2배 정도 증가하는 것이다. 온도가 높아지면 기체 분자의 운동이 증가하므로 반응성이 커지므로 온도가 상승하면 연소하한계는 낮아지고 연소상한계는 커지면서 연소범위가 확장된다. 온도가 높을 때는 발열 속도가 방열 속도보다 크므로 연소범위가 넓어지고 온도가 낮을 때는 발열 속도보다 방열 속도가 크므로 연소범위가 좁아지거나 없어진다. 보일-샤를의 법칙에 따르면 온도가 상승할 경우, 부피와 압력이 커져서 연소범위기 넓이지고, 실험식에 의하면 온도가 100℃ 상승할 때, 연소범위는 ±8% 정도 넓어지는 것으로 보고된 바가 있다.

$$\frac{P_1V_1}{T_1}=\frac{P_2V_2}{T_2}=const.(\text{일정}) \tag{2.1}$$

기체는 압력이 높아지면 분자 간 거리가 짧아지므로 반응성이 증대해서 연소범위가 넓어지고 위험성이 높아지지만, 일산화탄소의 연소범위는 좁아진다. 압력은 연소하한계보다 연소상한계에 영향을 주는데 연소상한계는 대기압 이상에서는 압력에 비례하여 높아지고 대기압 이하에서는 큰 변화가 없다. 연소하한계는 분자 간의 거리가 상대적으로 길어서 압력에 대해 민감하게 반응하지 않으며 5kPa까지는 일정하게 하락하고 5kPa 이하의 작은 압력에서는 화염전파가 일어나지 않는다.

산소농도에 따른 연소하한계는 비교적 일정하며, 산소의 부족이 아닌 가연성 증기가 부족한 상태이므로 산소농도의 영향을 받지 않고 이 상태 이상에서는 산소농도가 증가하면 가연성 증기의 체적비는 줄어들고 산소가 가열되는 데 더 많은 에너지가 소요되기 때문에 오히려 산소 과잉 상태가 되어 반응에 장애가 된다. 하지만 연소상한계는 산소농도에 비례하여 증가하며 산소가 부족한 상태이므로 산소농도가 증가할수록 연소범위도 증가한다.

점화원의 크기가 미치는 영향을 살펴보면, 점화원이 최소점화에너지(MIE) 이상일 경우, 점화의 역할에 그치지 않고 가연물을 가열하는 역할을 하게 되므로 연소범위에 영향을 준다.

질소, 아르곤, 이산화탄소와 같은 불활성 기체를 예혼합화염에 첨가할 경우, 농도에 따라 연소범위 밖으로 벗어나게 되어 화학반응이 지연되므로 최종 화염온도가 낮아져서 화염이 소멸되고, 습도가 높으면 가연성 혼합기의 농도에 영향을 주어 연소범위가 좁아진다.

③ 화학양론비

물질이 반응할 때 가장 반응이 잘 일어나는 혼합비율을 **화학양론비**(C_{st}, Stoichiometric Concentration)라고 하며, 연소에서는 25℃, 1기압의 **상온 상압**(NTP, Normal Temperature and Pressure)에서 가연성 혼합기의 완전연소가 일어나는 가연성 증기와 공기의 혼합비율을 말한다. 참고로 **표준온도압력**(STP, Standard Temperature and Pressure)은 0℃, 1기압을 의미한다.

$$C_{st}[\text{vol}\%] = \frac{\text{가연성 증기 몰수}}{\text{가연성 증기 몰수} + \text{이론 공기 몰수}} \times 100\% \tag{2.2}$$

$$C_{st}[\text{wt}\%] = \frac{\text{가연성 증기 질량}}{\text{가연성 증기 질량} + \text{이론 공기 질량}} \times 100\% \tag{2.3}$$

$$C_{st}[\text{vol}\%] = \frac{\text{가연성 증기 몰수}}{\text{가연성 증기 몰수} + \text{이론 산소 몰수}/0.21} \times 100\% \tag{2.4}$$

$$C_{st}[\text{wt}\%] = \frac{\text{가연성 증기 질량}}{\text{가연성 증기 질량} + \text{이론 산소 질량}/0.23} \times 100\% \tag{2.5}$$

완전연소반응식을 통해서 이론 공기 몰 수를 구할 수 있는데 예를 들면, 에테인 완전연소반응식을 통해 산소 몰 수를 구하며, 에테인 1몰의 완전연소 시 필요한 산소 몰 수는 3.5몰이다.

$$C_2H_6 + 3.5O_2 \rightarrow 2CO_2 + 3H_2O$$

④ Jone의 연소범위 공식

Jone은 연소하한계와 연소상한계가 화학양론비의 함수로서 다음의 관계가 있음을 제안하였다.

$$LFL = 0.55C_{st} \quad (2.6)$$

$$UFL = 3.5C_{st} \quad (2.7)$$

⑤ 르샤틀리에(Le Chatelier) 혼합기체 성분의 연소범위 공식

$$\frac{100}{L} = \frac{V_1}{L_1} + \frac{V_2}{L_2} + \frac{V_3}{L_3} + \cdots \quad (2.8)$$

$$\frac{100}{U} = \frac{V_1}{U_1} + \frac{V_2}{U_2} + \frac{V_3}{U_3} + \cdots \quad (2.9)$$

여기서, L은 혼합기체의 연소하한계, U는 혼합기체의 연소상한계, V_n은 각 성분의 부피[vol %], L_n은 각 성분의 연소하한계[vol %], U_n은 각 성분의 연소상한계[vol %]이며, 가연성 기체와 불연성 기체의 혼합물일 경우, 가연성 기체만 백분율로 계산한다.

⑥ 연소범위를 이용한 위험도 평가

$$\text{위험도}(H) = \frac{UFL - LFL}{LFL} \quad (2.10)$$

예를 들면, 메테인의 위험도는 $\frac{15-5}{5} = 2$이고, 뷰테인의 위험도는 $\frac{8.4-1.8}{1.8} = 3.7$이 된다.

(2) 유염연소와 무염연소

대부분의 가연물은 계속해서 에너지를 공급하면 가연성 증기를 생성하고 산소와 가연성 혼합기를 형성한 다음 열이 축적되면서 자동발화점에 도달하고 연쇄반응이 수반되면서 화염이 생성되는 **유염연소**(flame combustion)로 진행된다. 하지만 일부 가연물은 가연물의

특성이나 반응이 일어나는 환경 조건에 따라 가연성 증기를 생성하지 않거나 생성된 가연성 증기가 극히 짧은 시간 동안만 체류함으로써 고체 가연물의 표면에서 화염을 생성하지 않고 작열하거나 연기 발생과 함께 탄화가 진행되는 **무염연소(flameless combustion)**가 일어난다. 유염연소는 화염전파공간인 연소범위 내에서 발생하지만 무염연소는 연소범위 이외의 영역에서 발생한다.

무염연소는 화염이 없이 가연물의 표면에서 벌겋게 달아오르는 듯 연소하므로 **작열연소(glowing combustion)**라고도 하며 열을 가했을 때 가연성 증기가 발생하지 않는 가연물이 산소와 접하는 부분에서 부분적으로 작열하는 **표면연소(surface combustion)**와 조건에 따라 화염 연소할 수 있는 가연성 증기를 발생시켜서 휘발분이 있는 가연물이 온도가 낮거나 산소농도가 낮아 화염을 발생하지 못하고 산소와 접하는 표면 경계에서 작열하는 형태로 연소하는 **훈소(smoldering)**를 포함한다. 작열연소는 연소속도가 매우 느린 것이 특징이고 화염이 없으므로 대류에 의한 열전달이 약하기 때문에 수직재의 각 방향(상, 하, 좌, 우) 연소속도가 유사하며, 표면은 주변 대기에 의해 냉각되므로 표면을 따르기보다는 가연물의 심부로 서서히 타들어 가는 형태를 보인다.

표면연소하는 가연물로는 주성분이 탄소로 구성된 목탄(숯), 코크스와 같은 물질이 있으며, 포타슘, 나트륨, 알루미늄, 마그네슘 등과 같은 금속 등은 열에 가열되어도 가연성 증기가 발생하지 않는다. 숯은 나무를 산소가 없는 상태로 가열하여 열분해가 모두 끝나고 남은 탄소 덩어리이다. 가열된다고 하여도 더 이상 열분해가 발생하지 않으므로 가연성 증기의 생성이 없다. 따라서 높은 온도와 산소농도에서도 유염연소를 할 수 없는 표면연소의 대표적인 가연물이다. 열분해를 통해 휘발분이 발생하는 물질은 확산연소와 열분해 후 남게 되는 탄소의 표면연소가 동시에 발생하는데 훈소의 가연물로는 가열 시 가연성 증기가 발생하는 것들로 목재, 식물성 섬유, 종이 등 셀룰로스 물질이 대표적이다.

① 유염연소와 무염연소의 비교

표 2.4 유염연소와 무염연소의 비교

구분	유염연소	무염연소
정의	불티 없이 불꽃만 내는 것으로서 기체나 증기상 가연물의 연소방식	가연물이 공기와 접촉해서 열분해와 증발을 하지 않고 불꽃없이 연소
특성	고체의 열분해, 액체의 증발에 따른 기체의 확산 등 연소양상이 매우 복잡	고비점 액체 생성물과 타르가 응축되어 공기 중에서 무상의 연기를 형성하며 휘발성분이 없음
화염 여부	가연물의 위에서 불꽃을 발생하며 연소	가연물의 표면이나 내부에서 불꽃을 발생하지 않고 작열하면서 연소
화재 구분	고에너지 화재, 표면화재, B급, C급	저에너지 화재, 심부화재, A급
연소 형태	발염연소	작열(훈소, 표면연소)
화학반응	기상반응	표면반응
연소확산 속도	매우 빠름	느림
연소 방향	표면으로의 연소 확대가 빠름	심부로의 연소 확대가 빠름
산소 소비율	높음	낮음
대류 열전달	높음	낮음
온도	높음	낮음
방출 열량	많음	적음
연쇄반응	일어남(연소의 4요소)	일어나지 않음(연소의 3요소)
연소 가스	CO_2↑, CO↓	CO_2↓, CO↑
가연물	• 열가소성 합성수지류 • 휘발유, 석유류의 인화성 액체 • 메테인, 프로페인, 수소, 아세틸렌 등의 가연성 기체	• 열경화성 합성수지류 • 코크스, 목탄(숯), 금속분(Al, Mg, Na)
소화 대책	냉각, 질식, 제거, 부촉매 소화	냉각, 질식, 제거

② 표면연소와 훈소

작열연소는 주로 영 · 미계 화재과학 분야에서 사용된다. 표면연소는 일본에서 사용하는 용어로 미국 등에서는 표면연소라는 단어를 좀처럼 사용하지 않으며, NFPA 921 용어의 정의는 물론 기타 화재과학을 다루는 문헌에도 좀처럼 찾아볼 수 없다. 우리나라는 화재과학 초기에 미국과 일본으로부터 이 분야의 과학기술을 받아들여 세 가지 용어(glowing combustion, surface combustion, smoldering)가 모두 사용되고 있어 현재는 다소 혼란을 일으키고 있다.

표면연소와 훈소의 공통점은 모두 화염이 없는 무염연소로서 연소 속도가 느리다는 것이고 연소의 외관적 형태는 불꽃이 없이 작열하는 형태이므로 동일하지만, 표면연소는 가연물 자체가 가열되어도 열분해나 승화, 증발 등의 과정이 없고 가연성 증기를 발생시키지 않는 것들의 연소로 온도가 상승하거나 산소가 충분히 공급되어도 유염연소로 전환될 수 없다. 훈소는 가연성 증기를 발생시키는 가연물들이 온도나 산소 부족으로 인해 가연성 증기에 발화하지 못하는 상태이므로 차후 조건을 만족시키게 되면 유염연소로 전환될 수 있다는 데에 그 차이가 있으며 구별의 필요성이 있다. 일부 목탄을 연소할 때 화염이 발생하거나 연기가 발생하는 이유는 완전하게 열분해 된 목탄이 아니므로 남아 있던 가연성 증기가 연소하거나 연기로 만들어지기 때문이다.

표면연소는 열분해 및 휘발분을 거의 함유하지 않는 가연물에서의 연소로서 가연성 혼합기를 형성하지 않고 가연물 표면에서 산소와 직접 반응한다. 의도된 연소의 형태(태우는 것)로 열원을 이용하기 위한 것이며, 표면연소가 발생하는 물질로는 목탄(숯), 코크스, 금속분 등이 있다. 훈소는 열분해로 가연성 혼합기를 가연물 내부에서 형성하여 다량의 연기를 발생하는 연소로서 일반적인 연소의 형태(타는 것)를 띠며, 훈소가 발생하는 물질로는 다공성 물질인 목재와 담배 등이 있다.

표 2.5 표면연소와 훈소의 비교

구분	표면연소	훈소
화학반응	표면반응	표면반응
연소의 외관적 형태	작열연소(무염연소)	작열연소(무염연소)
소훼 형태	심부로 타들어 가는 심부연소	심부로 타들어 가는 심부연소
유염연소 발생 가능성	발생하지 않음	조건에 따라 발생할 수 있음
가연성 증기	발생 없음	발생함
가연성 증기 발생 원인	발생 없음	온도가 낮거나 산소 부족
연기 발생	발생 없음	다량 발생
가연물	코크스, 목탄 등 가연성 증기가 발생하지 않는 가연물	목재, 식물성 섬유, 종이 등 셀룰로스가 포함된 물질

(3) 인화점과 연소점[9]

① 인화점

인화점(flash point)은 액체 가연물의 화재위험성을 나타내는 중요한 지표로서, 포화증기압 곡선과 만나는 가연성 혼합기가 연소하한계에 도달하는 최저온도이다.

특정 표준화된 조건에서 액체로부터 가연성 혼합기를 형성할 수 있는 양만큼 증기를 생성하는 가장 낮은 액체 온도이므로 액체 가연물에만 해당하지만, 인화성 고체나 인화성 기체라는 용어를 사용할 때도 있다. 고체에서는 고형알코올과 같이 휘발성이 있는 것을 제외하고 열분해를 통해 가연성 증기가 연소범위를 이루므로, 인화점보다는 발화 시간을 위험의 척도로 본다. 고체의 인화점과 연소점은 표면 가열상태에 따라 다르므로 이것이 액체에서와 같이 위험성의 척도가 되지 않아서 고체에서 인화점과 연소점을 구분하고 표시하는 것은 의미가 없으며, 고체에서의 연소점은 단순히 표면온도로 정의될 수 있다.

인화점에서 가연성 혼합기에 스파크나 유도 화염과 같은 외부 점화원으로 국소 가열을 통해 섬광(flash)이 발생하는데 에너지가 충분히 축적되지 않은 상태라서 외부 점화원을 제거하면 곧바로 발화가 중단되며, 인화는 외부 점화원을 가했을 때만 발화한다. 그리고 가연성 증기의 농도가 100%가 될 때 온도를 **비등점**(boiling point)이라고 한다. 인화점은 비등점보다 낮고, 인화점은 탄소수가 증가할수록 높아지는데 식용유는 그렇지 않을 수도 있다.

인화점에 영향을 주는 인자들은 다음과 같다.

- 중력은 가연성 혼합기의 불균일성과 부력을 유발한다.
- 압력이 증가하면 기화를 억제하므로 인화점도 상승한다.
- 질소보다 산소의 분자량이 크므로 산소가 증가하면 압력이 증가해서 증기압이 낮아지기 때문에 산소량이 일정량 이상으로 과다

9) 유창범, 소방기초이론과 연소공학, 성안당(2016).

한 경우에는 인화점이 상승하지만, 발화에너지와 소염 거리는 감소하고 화염온도와 속도는 증가한다.

- 개방상태와 운동상태는 가연성 증기의 농도를 희석하므로 인화점이 상승한다.
- 무거운 액체의 인화점은 상승한다.
- 표면적 대비 질량비가 높은 분무 액체나 미스트는 부피가 큰 형태의 같은 액체보다 쉽게 발화되므로 다량의 액체(bulk liquid)의 인화점보다 낮은 온도에서 발화될 수 있다.

② 연소점

인화점에 도달한 다음 계속 가열하면 인화점보다 높은 온도에서 점화원을 제거해도 최소한 5초 동안 발화가 지속되는 최초온도를 **연소점**(fire point 또는 flame point)이라고 하는데 인화점보다 10℃ 정도 높다. 인화점은 발화가 계속 유지되는 온도가 아닌 발화만 하면 되는 온도이고 연소점은 적어도 5초 동안 발화가 지속되어야 하는 온도라는 점이 인화점과 연소점의 차이이며, 일부 물질은 인화점과 연소점 간의 온도 차이가 거의 없는 경우에는 인화점과 연소점을 분간하기가 어려울 수도 있다.

(4) 자동발화

연소점 이후에도 계속해서 가열하면 스파크나 불꽃으로 점화하지 않아도 산소만 충분하면 자체 에너지만으로 자동으로 발화하는데 점화원 없이 발화할 수 있는 최저온도를 **자동발화 온도**(AIT, Auto Ignition Temperature)라고 하며, 자동발화 온도를 **발화점**(auto ignition point)이라고 부르기도 하지만 발화(또는 착화)는 점화원의 유무와 상관없이 화염이 생성되면서 연소가 진행되는 현상을 나타내므로 발화점은 자동발화 온도를 비롯해 화염이 생성되고 유지되는 최저온도로서 자동발화 온도보다 훨씬 포괄적인 의미이다.

발화(또는 착화)와 혼용되고 있는 **점화**(ignition)는 가연성 혼합기가 발화(착화)를 일으키게 하는 것으로서 수 mJ 정도의 spot 에너지 형태의 **점화원**(ignition source)이 필요하다.

발화점이 낮아지는 조건은 다음과 같다.

- 압력이 높을 때
- 발열량이 클 때
- 가연물의 열전도도가 작을 때(기체〈액체〈고체)
- 접촉하는 금속의 열전도도가 클 때
- 산소와의 친화력이 클 때
- 산소농도가 높을 때
- 분자의 구조가 복잡할 때
- 반응 활성도가 클 때

표 2.6 가연물의 발화점

가연물	발화점[℃]	가연물	발화점[℃]
acetylene	305	gasoline	246~280
benzene	560	glycerol	370
butane	405	kerosene	295
carbon	700	light hydrocarbons	650
carbon monoxide	609	methane(natural gas)	580
charcoal	349	naphtha	225
coke	700	paper	218~246
diesel	210	propane	470
ethanol	365	tetrafluoroethylene	530
heavy hydrocarbons	750	wood	300
hydrogen	500	xylene	463

(5) 자연발화

자연발화(spontaneous ignition)는 공기 중에 노출된 가연물이 서서히 산화반응이 일어나는 연소과정으로서 발생한 에너지가 그 계로부터 제거되지 않고 열로서 축적되어 발화점에 도달함으로써 스스로 발화를 일으키며 열의 방출을 동반하는 느린 산화 과정이다. 인위적으로 가열하지 않고 상온 상태에서 물질이 공기 중에서 자연산화나 자연 분해하여 발생한 열에 의하여 점진적으로 촉진된 반응이 발화점에 도달하여 발화되는 현상이다. 자연발화로 이끌 수 있는 현상의 예로는 구석에 돌돌 말아져 있는 기름에 젖은 헝겊 조각이다. 만약 기름과 천의 자연산화에 의해 발생한 열이 헝겊 주변의 공기 이동이나 다른 열전달에 의해 소멸하지 않으면, 결국 그 천의 온도는 발화를 일으킬 만큼 충분히 상승한다.

① 자연발화를 일으키는 원인

- 산화열(heat of oxidation)

  산화는 분자, 원자 또는 이온이 산소를 얻거나 수소 또는 전자를 잃는 것을 말하며, 이와 같은 산화반응이 일어날 때 발생하는 열량을 **산화열**이라고 한다. (예 불포화유, 불포화유를 흡착한 걸레, 석탄(갈탄, 유연탄, pitch 등), 종이, 원면 등)

- 분해열(heat of decomposition)

  분해열은 물질이 분해할 때 관여하는 에너지로서 분해열이 클수록 물질을 분해하기 어렵고, 분해열은 표준생성열로부터 구할 수 있다. (예 아세트산에스터, 유기과산화물류 등)

- 흡착열(heat of adsorption)

  흡착제에 어떤 성분이 흡착될 때 발생하는 열량으로서 보통 흡착되는 물질의 mol당 또는 g당으로 표시하며, 활성탄을 이용한 용제 흡착 시 발생하는 흡착열에 의한 자연발화가 있다.

- 중합열(heat of polymerization)

  단량체라 불리는 간단한 분자들이 서로 결합하여 거대한 고분자 물질을 만드는 반응에서 발생하는 열량이다. (예 아세트산바이닐, 염화바이닐 등 중합체의 단량체)

- 발효열(heat of fermentation)

  발효과정에서 발생하는 열로서 일반적으로 미생물에 의한 발효는 발열반응이므로 실제 공정에서는 발효열의 제거가 큰 문제가 된다. (예 건초더미)

② 자연발화가 일어나기 위한 조건

- 자연발화가 일어나려면 물질 스스로가 자체적으로 열을 발생시켜야 하며, 이 열이 주변으로 방출되지 않고 축적되어야 함
- 주위온도가 높으면 열의 발생이 증가하고 온도상승에 따라 반응속도도 현저히 증가
- 발열량이 커질수록 열의 축적이 크지만, 반응속도가 느리면 축열은 작아짐
- 적당량의 수분이 존재하면 수분이 촉매 역할을 해서 반응속도가 가속화되고 건조한 경우에는 자연발화가 일어나지 않음
- 반응속도는 산소의 양에 비례하므로 산소가 부족하면 자연발화가 일어나지 않으며, 물질의 표면적이 크면 산소와 접촉 면적이 크므로 자연발화가 쉽게 일어나고 분말이나 액체가 포나 종이 등에 스며들어 배이면 자연발화가 용이
- 발열반응에 정촉매 기능을 가진 물질이 존재하면 반응은 가속화됨
- 공기는 열전도율이 낮은 뛰어난 단열재로서 보온효과가 높아 축열이 쉬우므로 공기를 많이 포함한 분말상과 섬유상의 물질은 열의 축적이 쉬움
- 물질이 공기 중에 직접 노출되면 방열하기 쉬우므로 공기층을 포함한 여러 겹의 중첩상황이나 분말 상태가 축열이 쉽고 표면층보다 중심부가 축열이 쉬움
- 공기의 이동은 열을 확산시켜 방열하기 쉬우므로 통풍이 잘되는 장소에서는 열의 축적이 곤란하여 자연발화가 어려움
- 가연물이 촘촘하게 적재되어 있으면 열의 축적이 쉬우므로 자연발화가 일어나기 쉬움
- 비교적 휘발성이 낮은 액체가 자연발화를 일으키기 쉬우며 휘발성이 큰 액체는 증발할 때 증발열을 빼앗겨 스스로 냉각하기 때문에 자연발화가 덜 일어남

1.2 연소의 3요소와 4요소[10)11)]

1. 연소의 3요소

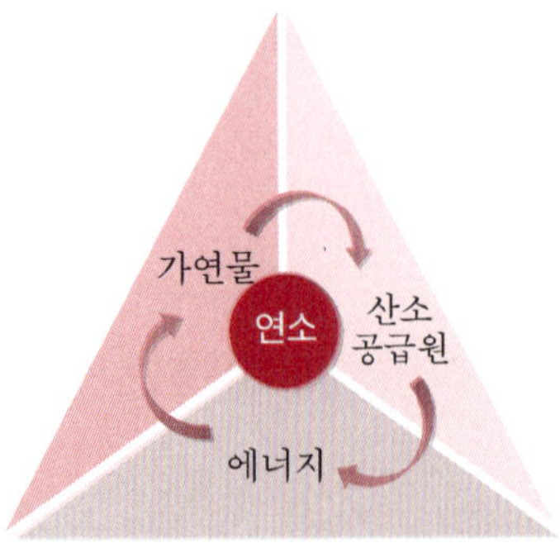

그림 2.4 연소의 3요소

연소는 화학반응의 일종으로서 산소와 반응하는 **산화반응**(oxidation)이므로 산소 자체나 산소를 포함하는 물질인 **산소공급원**(source of oxygen supply), 산소와 반응하는 **가연물**(combustible) 그리고 반응이 진행되는 데 요구되는 **에너지**(energy)가 필요하며, 이 3가지를 **연소의 3요소**(**화재 삼각형, fire triangle**)라고 한다.

1) 가연물(combustible 또는 inflammable)[12)]

가연물에는 산화되기 쉬운 물질의 전부가 포함되지만, 산화되기 어려운 물질, 반응열이 작은 것은 가연물로 하지 않는 것이 보통이다. 이 외에 이산화탄소와 같이 이미 산소와 화합하고 있어서 이미 산소와 화합할 수 없는 것과 질소와 산소의 반응처럼 흡열반응을 일으키는 것도 발열반응이 되지 않기 때문에 가연물이 아니다.

(1) 가연물의 구비조건

- 산화되기 용이하려면 **산소와 친화력**(산소와 결합할 수 있는 능력)이 커야 한다.
- 산화와 접촉할 수 있는 **비표면적**(specific surface area, 어떤 입자의 단위질량이나 단위부피당 총 표면적)이 커야 한다.
  (고체 < 액체 < 기체)
- 단위질량의 연료가 완전연소 했을 때 방출하는 열량인 **발열량**(heating value)이 커야 한다.
- **화학적 활성도**(chemical activity)가 커야 한다.
- **활성화에너지**(activation energy)가 작아야 한다. 즉, 화학반응 시

10) 이해평, 박영주, 연소공학, 도서출판 화수목(2018).
11) 윤용균, 화재공학개론, 도서출판 화수목(2019).
12) [네이버 지식백과] 연소(산업안전대사전, 2004. 5. 10., 최상복).

필요한 최소에너지 값이 작아야 한다.

- 가연성 기체나 액체의 증기 또는 폭발성 분진이 공기 중에 있을 때, 이것을 발화시키는 데 필요한 최저 에너지인 **최소발화에너지**(minimum ignition energy)가 작아야 한다.
- **열전도율**(thermal conductivity) 또는 **열전도도**가 작아야 한다. (고체 > 액체 > 기체)
- **수분 함량**(moisture content)이 작아야 한다.
- 어떤 물질의 온도를 1℃ 높이는데 필요한 열량인 **열용량**(heat capacity)이 작아야 한다.
- 불활성 기체를 첨가하여 분진-공기 혼합물의 산소농도를 떨어뜨리면 어떤 분진농도에서도 폭발이 일어나지 않는 한계가 나타나는데, 이 한계점에서의 산소농도인 **한계산소농도**(limiting oxygen concentration)가 작아야 한다.
- **열의 축적**이 용이해야 한다. (고체 > 액체 > 기체)
- 화학적 반응의 결과로 생긴 에너지나 생성 물질이 주변의 다른 반응 대상에게도 같은 반응을 촉발시켜 같은 반응이 반복적으로 일어나는 **연쇄반응**(chain reaction)을 수반해야 한다.

(2) 가연물이 될 수 없는 물질

- 불활성 기체 : He, Ar, Ne, Xe, Rn, Kr 등
- 완전 산화물 : CO_2, H_2O, SO_3, P_2O_5, SiO_2 등
- 산소와 반응은 하지만 발열반응이 아닌 흡열반응을 하는 물질 : 질소, 질소산화물 등

2) 산소공급원 또는 지연제/조연제(assisting material necessary for combustion)

연소하기 위해서는 산소가 필요하며, 공기 중의 산소 이외에는 화합물 중에 산소를 함유한 산화제가 산소공급원이 된다. 연소에서 필요로 하는 산소의 양은 가연물의 종류에 따라 서로 다르다. 대부분의 액체는 공기 중 산소 함량이 15% 이하로 줄어들면 불붙기 어려우며, 고체의 경우에는

6% 이하로 줄어들지 않으면 불은 계속 붙거나 그을면서 탄다.

(1) 산소공급원의 종류

① 공기

- 산소는 보통 약 21%가 존재하고 있는 공기로부터 공급된다.

② 산화성 물질(산화제)

- 분자 내에 다량의 산소를 포함하고 있는 물질
- 제1류 위험물(산화성 고체) : $NaClO_3$, KClO 등
- 제6류 위험물(산화성 액체) : H_2O_2, HNO_3 등

③ 제5류 위험물(자기 반응성 물질)

- 연소에 필요한 산소공급원을 포함하고 있는 물질로서 연소속도가 빠르고 폭발적인 연소 현상을 일으킨다.
- 나이트로글리세롤, 나이트로셀룰로스, TNT 등

④ 조연성 또는 지연성 기체

- 자기 자신은 연소하지 않고 가연물이 연소할 수 있도록 도와주는 기체
- O_2, O_3, F_2, Cl_2 등

(2) 산소농도와 연소 특성

고온에서 유염연소는 상당히 낮은 산소농도를 유지하지만, 산소농도가 제한되면 유염연소는 줄어들고 표면에서 연소가 지속되는 표면연소 또는 훈소가 일어나는데 표면연소는 주위 환경이 상대적으로 낮은 온도일 때조차도 극히 낮은 산소농도를 유지한다.

미국 OSHA(Occupational Safety and Health Administration)에 따르면 대기 중 산소농도가 19.5% 미만일 경우, 산소결핍으로 규정하고 신선한 공기의 공급을 위한 호흡 보호장치를 착용하지 않으면 위험하며, 대기 중 산소농도가 23.5%를 초과하면 산소는 풍부하지만, 화재위험이 증가한다고 보고한 바가 있다.

정상 산소농도에서 연소하는 물질은 더 강렬하게 연소하고 더 즉각적으로 인화되는데 몇 가지 석유화학 물질들은 자연발화가 일어나기도

한다. 정상 산소농도에서는 연소하지 않는 물질도 쉽게 연소하고 소방관들의 방호복은 정상 산소농도에서는 불에 타지 않지만 31% 정도의 높은 산소농도에서는 발화되어 격렬하게 불에 탄다. 산소농도가 높은 환경에서 발생한 화재는 소화하기 어려울 뿐만 아니라, 진화작업 중인 소방관에게 잠재적인 위험을 초래할 수 있다.

(3) **최소산소농도**(MOC, Minimum Oxygen Concentration 또는 LOC, Limiting Oxygen Concentration)

화염을 전파하고 유염연소를 지속하는데 필요한 최소한의 산소농도를 **최소산소농도**라고 한다. 최소산소농도는 가연성 혼합기(산소와 가연성 증기) 중 산소의 부피를 나타내며 단위는 부피 백분율(vol %)이다.

$$MOC = \text{연소 시 필요한 산소의 몰수} \times \text{연소하한계} \qquad (2.11)$$

최소산소농도는 폭발 및 화재 방지에 유용한 기준이 되는데 폭발 및 화재는 가연성 증기의 농도에 무관하게 산소의 농도를 감소시킴으로써 방지할 수 있으므로 이산화탄소, 수증기, 질소 등의 불활성 기체 등을 가연성 혼합기에 첨가하면 산소농도를 감소시킬 수 있다. 이산화탄소를 첨가하여 소화할 때 기상의 산소농도를 14~15% 이하로 낮추는데 이런 절차를 **불활성화(inerting)**라고 하며 이 산소농도를 임계 산소농도라고 부르며 이 농도에서는 산소농도 부족으로 인하여 인체에 산소결핍증과 같은 장애가 발생할 수 있다.

(4) **한계산소지수**(LOI, Limited Oxygen Index)

가연물이 발화되고 열원을 제거한 다음 3분 동안 꺼지지 않고 연소하는 데 필요한 공기 중의 최소 산소 부피(vol %) 함량을 말한다. 즉, 가연물이 연소를 지속하는 데 필요한 최소한의 산소 부피분율(vol %)을 말한다.

$$LOI = \frac{\text{산소의 부피}}{\text{산소의 부피} + \text{질소의 부피}} \times 100 \qquad (2.12)$$

한계산소지수는 섬유류와 같은 고분자 물질을 방염 처리하여 연소 시

많은 산소가 필요한 제품을 생산하는 데 적용하기 위한 것으로서 한계산소지수를 통해 고분자 물질의 산소 소모량이나 최소 산소 함량을 알 수 있으므로 방염 및 난연 기술을 적용하는 데 이용할 수 있다.

어떤 물질을 연소시킬 때 산소 소모량이 적다는 것은 해당 물질의 가연성이 높다는 것이며, 산소 소모량이 많다는 것은 해당 물질의 난연성이 높다는 것이다. 예를 들면, 한계산소지수가 17%일 경우, 공기 중의 산소농도가 17% 이하로 낮아지면 열원이 제거된 후 연소를 지속할 수 없다는 것이다.

(5) 최소산소농도와 한계산소지수의 차이점

최소산소농도는 가연성 증기가 연소를 지속할 수 있는 최소한의 산소농도이며, 한계산소지수는 섬유류나 플라스틱과 같은 고분자 물질이 연소를 지속할 수 있는 산소농도를 나타낸다.

3) 발화에너지(ignition energy) 또는 착화에너지/점화에너지[13)]

농도 조성이 연소범위 안에 있는 가연성 혼합기를 발화시키는 데 필요한 에너지를 뜻한다. 발화에너지의 최솟값을 **한계발화에너지**라고 하는데, 사슬 모양의 포화탄화수소와 공기를 혼합하여 가장 발화하기 쉬운 농도 조성을 만들어 측정한 한계발화에너지는 1기압에서 $2 \times 10^{-4} \sim 3 \times 10^{-3}$J 정도이며, 압력이 낮을수록 큰 에너지가 필요하다. 가연물을 발화시킬 수 있는 흔한 발화에너지로는 화학, 기계, 빛, 원자력 에너지 등이 있으며, 분자의 운동 속도를 증가시킴으로써 물질이 가열될 수 있도록 한다.

(1) 반응열과 반응 엔탈피[14)]

반응열(heat of reaction)은 어떤 반응을 할 때 방출하거나 흡수되는 열로서 반응물의 에너지와 생성물의 에너지의 차이이다. 즉, 화학반응은 일반적으로 열의 출입을 수반하는데, 어떤 반응계가 화학반응에 수반하여 방출 또는 흡수하는 열을 말한다. 반응열이 방출될 때를 **발열**

13) [네이버 지식백과] 발화에너지(자동차 용어사전, 2012. 5. 25., 자동차용어사전편찬회).

14) [네이버 지식백과] 반응열과 반응 엔탈피(두산백과 두피디아, 두산백과).

반응(exothermic reaction), 흡수될 때를 **흡열반응**(endothermic reaction)이라고 한다. 보통 열화학반응식에서, 발열반응인 경우는 우변에 양의 값으로 나타내고, 흡열반응인 경우는 음의 값으로 나타낸다.

반응 엔탈피(enthalpy change in reaction), ΔH는 화학반응이 일어날 때 관여되는 엔탈피를 말한다. 반응 엔탈피는 생성물의 엔탈피에서 반응물의 엔탈피를 뺀 값으로 정의한다. 따라서 발열반응의 경우에는 반응 엔탈피는 0보다 작고 흡열반응의 경우에는 0보다 크다. 화학반응이 일어나면 반응물은 생성물로 된다. 반응물과 생성물은 서로 다른 물질이기 때문에 각 물질이 가지는 엔탈피가 다르게 된다. 따라서 화학반응이 일어나면 언제나 엔탈피 변화가 따른다. 이때 생성물의 엔탈피에서 반응물의 엔탈피를 뺀 값을 반응 엔탈피라고 한다.

$$\Delta H = H_{\text{생성물}} - H_{\text{반응물}} \tag{2.13}$$

발열반응의 경우에는 생성물이 가지는 엔탈피가 반응물이 가지는 엔탈피보다 적어 반응 엔탈피가 0보다 작고($\Delta H < 0$), 반대로 흡열반응의 경우에는 생성물이 가지는 엔탈피가 반응물이 가지는 엔탈피보다 커서 반응 엔탈피가 0보다 크다($\Delta H > 0$).

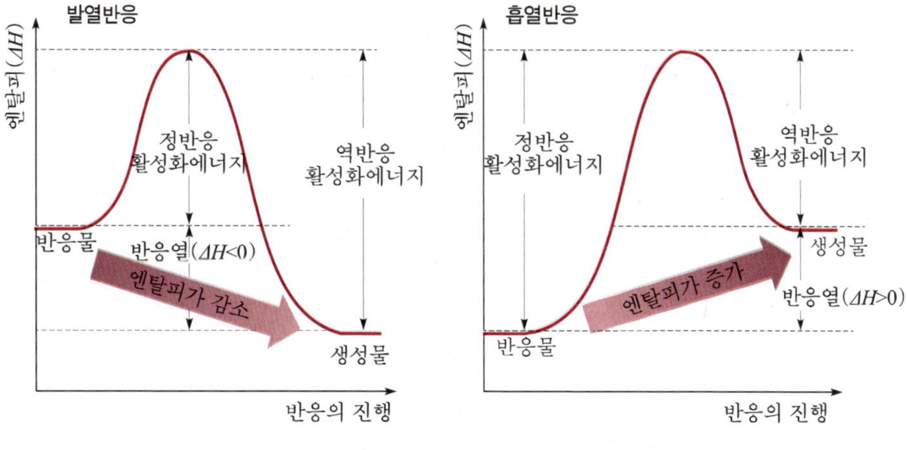

그림 2.5 발열반응과 흡열반응에서의 엔탈피 변화

(2) 최소발화에너지(MIE, Minimum Ignition Energy)

점화원을 가지고 가연성 증기와 공기의 혼합된 가연성 혼합기가 발화하는 데 필요한 최소에너지를 말한다. 전기 불꽃에 의한 발화 용이성의 기준을 나타내는 값이고 통상 최소발화에너지는 매우 작으므로 [mJ]의 단위로 나타내며 대부분 탄화수소의 최소발화에너지는 0.25 mJ 정도이다.

$$MIE = \frac{1}{2} CV^2 \tag{2.14}$$

여기서, C는 콘덴서 용량[F], V는 전압[V]이다.

최소발화에너지에 영향을 주는 요소들은 가연물의 종류, 가연성 혼합기의 조건(온도, 압력, 혼합비(농도)), 전극의 형태 등이며 공기 중의 산소가 많은 경우나 가압 하에서는 최소발화에너지의 값이 작아진다.

- 온도가 상승하면 분자의 운동이 활발해지므로 MIE는 작아짐
- 압력이 상승하면 분자 간의 거리가 가까워지므로 MIE는 작아짐
- 농도가 높아지면 MIE는 작아짐
- 가연성 증기의 조성이 화학양론비(완전연소 조성) 부근일 경우, MIE는 최저가 되고 연소상한계나 연소하한계에 근접하면 MIE는 증가함
- 연소속도가 증가할수록 MIE는 작아짐
- 유속이 증가하면 난류의 강도가 커지므로 MIE는 증가함
- 매우 압력이 낮아서 어느 정도 점화원에 의해 발화시켜도 발화될 수 없는 한계가 있는데 이를 **최소발화압력(MIP, Minimum Ignition Pressure)** 이라고 함

표 2.7 가연성 기체의 최소발화에너지

가연성 기체	최소발화에너지[mJ]	가연성 기체	최소발화에너지[mJ]
acetone	1.15	ethyl ether	0.19
ammonia	0.77	hexane	0.24
benzene	0.20	hydrogen	0.019
butane	0.25	methane	0.28
carbon disulfide	0.019	propane	0.26
ethane	0.25	propylene	0.28

(3) 열원

① 화학적 열에너지(chemical heat energy)

화학적 열에너지는 연소반응에서 가장 흔한 에너지원이다. 어떤 가연물이라도 산소와 접촉하면 산화가 일어나는데 이 과정은 항상 열의 발생을 수반한다. **자기발열**(self-heating)이나 **자발적 발열**(spontaneous heating)은 외부의 다른 열원 없이도 물질의 온도가 증가할 때 일어나는 화학적 열에너지의 형태인데 자기발열이 **자연발화**(spontaneous ignition)로 발전하려면 그 물질은 자연발화온도까지 가열되어야 한다. **산화반응속도**(rate of oxidation reaction)에 의한 **열 생성**(heat production)은 더 많은 열이 생성될수록, 그리고 가연물을 차단하는 물질에 의해 열을 더 많이 보유할수록 증가한다.

- 대부분 반응물의 온도가 10℃ 올라갈 때마다 화학반응은 배로 증가
- 가연물에 의해 흡수되고 발생하는 열이 많을수록 열 생성을 일으키는 반응은 더욱 빨라짐
- 자기발열반응으로 생성되는 열이 손실되는 열을 초과할수록 그 물질은 발화온도에 도달할 수 있고 자연발화가 일어날 수 있음

② 전기적 열에너지(electrical heat energy)

- 저항열

  전류가 도체를 통하여 흐를 때 열이 발생하는데 백열등, 레인지, 오븐 또는 이동 난로 등과 같은 전기제품은 저항열을 사용하도록 설계되어 있고, 다른 전기 장비는 정상적인 작동상황에서 저항열을 제한하도록 설계되어 있다.
- 과전류 혹은 과부하

  도체를 따라 흐르는 전류가 설계한계를 넘을 때, 과열 현상과 발화위험이 발생할 수 있다.
- 아크

  일반적으로 아크는 까맣게 타버린 절연재와 같은 매개체를 통하거나 두 개의 떨어진 공간에서 고열의 밝은 빛이 발생하는 전기방

전이다. 아크는 전기모터나 스위치의 경우처럼 분리되었을 때 발생할 수도 있고 고압의 정전기나 번개에 의해서도 생성될 수 있다.

- 스파크

  전기아크가 발생할 때 작열하는 입자가 형성되어 아크 발생지점에서 튈 수 있는데 전기 용어로 스파크는 입자가 튀는 것이며, 아크는 발광하는 전기방전이다.

③ 기계적 열에너지(mechanical heat energy)

기계적 열에너지는 마찰이나 압축으로 생성된다. 서로 마주하는 두 표면의 운동이 마찰열을 발생시키고, 이러한 운동은 열과 스파크를 생성하며, 압축열은 기체가 압축될 때 생성된다. 디젤엔진은 이 원리를 스파크 플러그 없이 연료증기에 인화시킬 때 사용하는데 이 원리는 **자급식 공기호흡기**(SCBA, Self-Contained Breathing Apparatus) 실린더가 가득 찼을 때 따뜻하게 느껴지는 이유이기도 하다.

④ 원자력 에너지(nuclear energy)

원자의 핵으로부터 나오는 에너지로서 원자핵에 에너지 입자를 충돌시키면 엄청난 에너지가 발생한다. 원자핵이 분열되어 에너지를 발생시키는 것을 **핵분열**(nuclear fission)이라고 하며 원자핵이 합쳐져서 에너지를 발생시키는 것을 **핵융합**(nuclear fusion)이라고 한다. 서서히 방출하는 원자력 에너지를 이용하는 것이 원자력 발전이고, 급속한 방출의 원자력 에너지를 이용하는 것이 핵폭탄이다.

4) 수동 인자(passive agents)[15]

연소공학에서 3요소나 4요소 이외에도 연소에 영향을 주지만 수동 인자는 연소반응을 조절하거나 제어할 때 사용되는 인자를 의미하는데 이는 연소 과정에서 중요한 역할을 하며, 연소속도, 온도, 밀도, 상대습도, 수분 함량 등을 조절하여 안전하고 효율적인 연소를 가능하게 한다.

15) 이해평, 박영주, 연소공학, 도서출판 화수목(2018).

수동 인자는 다음과 같은 요소들을 포함한다.

- **공기비**(Air-Fuel Ratio) : 연소에 사용되는 공기와 연료의 비율로서 공기비가 적절하지 않으면 불완전연소가 발생할 수 있다.
- **연소온도** : 연소 과정에서 발생하는 온도는 연소의 종류와 효율성에 영향을 미친다.
- **연소속도** : 연소가 일어나는 속도는 연소의 효율성과 안전성에 중요한 역할을 한다.
- **밀도** : 연소가 일어나는 공간의 밀도는 연소속도와 온도에 영향을 미친다.
- **비열** : 연소가스의 비열은 연소속도에 영향을 미친다.
- **상대습도나 수분 함량** : 열에너지의 흡수를 늦추고 인화 및 연소를 지연시키며, 특히, 임야화재의 연소 과정에서 중요한 고려 요소이다. 또한, 구조물 화재에서 신축한 목조건축물은 목재 골조의 수분이 말라버린 오래된 건축물보다 화재확산이 빠르지 않은데 이와 같이 목조건축물의 건축 시기에 따른 목재 골조의 수분 함량도 수동 인자의 하나이다.

2. 연소의 4요소(화재 사면체, fire tetrahedron)

그림 2.6 연소의 4요소

연소의 3요소에 의해 연소는 시작되지만, 연소를 계속하기 위해서는 지속적으로 분자가 활성화되고 연속적으로 산화반응을 하면서 진행하는데 연소의 3요소에 연쇄반응을 추가한 것을 연소의 4요소라고 하며, 연쇄반응은 **유염연소**(flame combustion)와 **무염연소**(flameless combustion)를 구분 짓는 중요한 요소가 된다. 유염연소에서 연쇄반응이 금지되거나 방해받으면 가연물의 특성에 따라 연소가 중단되거나 무염연소 또는 **훈소**(smoldering)로 전환된다.

3. 연쇄반응(chain reaction)

연쇄반응은 한 반응이 일어나면 생성물이나 반응물이 반응이 가지를 쳐서 일어나게 하는 반응이며, 라디칼 반응과 핵 연쇄반응이 있다. 연쇄반응에서 양성 피드백이 스스로 증폭하는 연쇄를 일으킨다.

연쇄반응은 열역학적으로 균일하지 않은 계가 더 높은 엔트로피의 상태에 도달하기 위해서 에너지를 방출하거나 엔트로피를 높이는 방법이다. 예를 들어, 계는 에너지 방출을 가로막는 어떠한 방법에 의해서 방해받아 더 낮은 에너지 상태에 도달할 수 없을지도 모른다. 만약 반응이 작은 에너지 방출의 결과를 낳는다면 더 많은 에너지 방출을 확장하는 연쇄로 만들 것이고 그렇게 되면 일반적으로 계는 폭발적으로 모든 저장된 에너지가 방출될 때까지 붕괴할 것이다. 연쇄반응이 더 큰 양의 엔트로피와 연관된 형태로 에너지 변형의 결과를 낳기 때문에 열역학 법칙에 따라 반응에서 역은 성립하지 않는다.

연쇄반응의 거시적인 비유는 눈덩이가 더 큰 눈덩이가 되는 것이다. 마침내 눈사태(snowball effect)가 일어날 때까지 이것은 저장된 중력 퍼텐셜에너지가 마찰로 인한 방출 방법을 찾기 때문이다. 화학적으로는 눈사태와 동등한 것은 산불을 일으키는 스파크이다.

화학 연쇄반응을 살펴보면, 만약 두 개의 분자가 반응한다면 마지막 반응 생성물의 분자가 생성될 뿐만 아니라 안정적이지 않은 분자도 생성될 수 있다. 원래의 분자와 더욱 많은 반응이 처음 반응보다 보다 훨씬 더 일어날 가능성이 높다. 이 새로운 반응에서 안정한 물질 외에 더욱 많은 불안정한 분자가 생성된다.

중합체의 형성에서 연쇄반응이 꼭 빛에 의해 전이된 분자로 시작될 필요는 없고 기존의 방법인 빠르게 충돌하는 두 개의 분자로도 연쇄반응이 시작될 수 있다. 또한 만약 연쇄반응의 한 연결에서 두 개 또는 그 이상의 불안정한 분자가 생성된다면 연쇄반응은 더욱 가지를 치며 뻗어나가고 자랄 것이며, 그 결과는 기하급수적인 성장이다. 이는 반응 비율이 폭발적인 증가하는 결과를 낳게 되고 스스로 화학적인 폭발을 하게 된다.

다음은 연쇄반응의 주요 절차이다.

① **시작** : 이 단계에서 활동적인 입자인, 주로 자유 라디칼(free radical,

한 개 또는 그 이상의 비공유 전자쌍을 갖고 독립하여 존재할 수 있는 화학종)을 생성한다.

② **확산** : 반응 기초 행동과 같은 여러 기초적인 단계로 구성되고 여기서는 활동적인 입자가 반응을 거쳐 다른 활동적인 입자를 생성하는데 이것은 연쇄반응을 지속시키며, 다음 기초 단계에서는 특히 이런 케이스들이 있다.

- **연쇄 가지치기** : 더 많은 새로운 활동적인 입자들이 형성되었을 때의 확산 단계이다.
- **연쇄 전이** : 하나의 활동적인 입자가 활동적이지 않은 입자와 기초적인 반응에 들어갔을 때 제일 첫 활동적인 것으로부터 또 다른 활동적이지 않은 입자를 형성하면서 이 입자가 또 다른 활동적인 입자가 된다.

③ **종료** : 활동적인 입자가 추가적인 연쇄반응을 일으키지 않으면서 활동성을 잃는 기초적인 단계이다.

연쇄반응의 한 예시로서 $H_2 + Br_2 \rightarrow 2HBr$의 과정은 다음 메커니즘에 의해 진행된다.

- **시작** : $Br_2 \rightarrow 2Br\cdot$

  각각의 브로민 원자는 자유 라디칼이며, ・기호는 비공유 전자쌍을 의미한다.
- **확산**(두 단계의 순환이 있음)

  $Br\cdot + H_2 \rightarrow HBr + H\cdot$

  $H\cdot + Br_2 \rightarrow HBr + Br\cdot$

  이 두 단계의 합은 전체적인 반응식 $H_2 + Br_2 \rightarrow 2HBr$과 일치하며, $Br\cdot$은 첫 단계에 참여한 촉매이다.
- **지연 방해**

  $H\cdot + HBr \rightarrow H_2 + Br\cdot$

  이 단계는 이 예에서 처음 확산 단계의 역과 일치한다.
- **종료**

  $2Br\cdot \rightarrow Br_2$

  두 라디칼의 재조합이며, 이 예에서 처음 시작 단계의 역과 일치한다.

2 연소화학

2.1 연소화학의 기본 개념과 연소반응의 메커니즘

1. 연소화학의 기본 개념[16)]

연소화학(combustion chemistry)은 연소가 어떤 화학반응 과정을 거쳐 진행되는지, 그리고 이 과정에서 나타나는 반응 메커니즘, 열 방출 특성, 반응 생성물의 조성 등을 다루는 학문 분야로서 다양한 학문과의 융합 즉, 연소화학은 화학공학, 기계공학, 항공우주공학, 화재 안전공학, 재난관리 등 광범위한 분야에서 응용되고 있다.

따라서 연소화학은 단순히 '불이 난다'라는 현상을 설명하는 데 그치지 않고, 연소반응의 경로와 동역학, 열역학적 특성, 물질수지와 에너지수지를 함께 고려함으로써 효율적인 에너지 사용과 안전 확보에 기여한다.

연소반응식의 예시를 들면, 가장 간단한 탄화수소인 메테인(CH_4)의 완전연소는 다음과 같이 나타낼 수 있다.

$$CH_4 + 2O_2 \rightarrow CO_2 + 2H_2O \quad (\Delta H < 0)$$

이 반응에서 $\Delta H < 0$은 발열반응임을 의미한다.

2. 연소반응의 메커니즘[17)]

1) 자유 라디칼과 연쇄반응의 개념

연소반응은 일반적인 단순 산화반응보다 복잡한 메커니즘을 갖는데, 특히 자유 라디칼(free radical)의 생성과 반응이 중요한 역할을 한다.

- 자유 라디칼 : 외곽 전자를 짝지어 갖지 않은 상태, 즉 홀전자를 가진 매우 반응성이 큰 중간종(species)이며, 대표적으로 H·, OH·, O· 등이 연소 과정에서 생성됨

---

16) I. Glassman, R. A. Yetter, and N. G. Glumac, "Combustion," 5th ed.

17) K. K. Kuo, "Principles of Combustion," 2nd ed.

- **연쇄반응** : 한 단계에서 생성된 자유 라디칼이 다음 단계 반응을 유도하고, 다시 새로운 자유 라디칼을 생성하여 연소가 지속되는 과정

연소 메커니즘은 여러 소단계로 이루어지는데, 보통 열 개 이상의 반응 단계가 관여하는 복합반응(complex reaction)으로 구성된다. 예를 들어, 탄화수소 연소 시 가장 간단한 메테인(CH_4)의 산화조차도 수십 개 이상의 소단계 반응이 얽혀 있다.

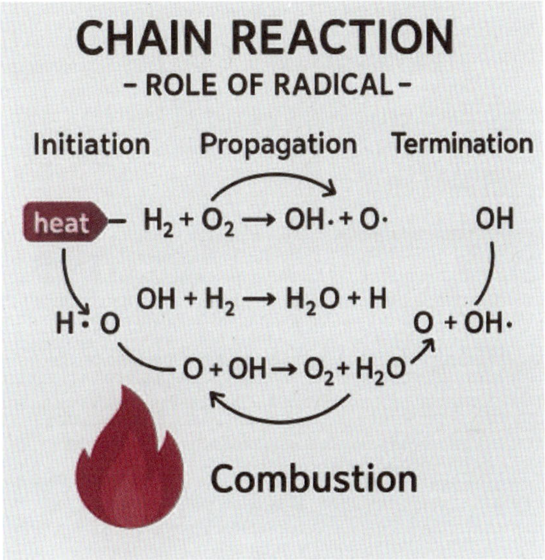

그림 2.7 연쇄반응과 라디칼의 역할 개념도

- **초기단계(chain initiation)** : 높은 온도나 촉매 등에 의해 가연물 분자가 분해되어 H·, OH· 등의 라디칼이 생성
- **전달단계(chain propagation)** : 생성된 라디칼이 다른 분자와 충돌 및 반응하여 새로운 라디칼을 만들어내면서 반응이 지속
- **분기단계(chain branching)** : 한 라디칼이 반응을 통해 두 개 이상의 라디칼을 만들어내어 반응속도를 가속
- **종결단계(chain termination)** : 두 라디칼이 서로 결합하거나 라디칼이 반응을 통해 안정한 분자로 전환되어 라디칼 농도가 감소, 연소반응이 종료되는 방향으로 진행

2) 주요 연소반응 경로 및 실례

실제로는 훨씬 복잡한 반응이 존재하지만 가장 단순한 예시로 메테인(CH_4)의 고온 산화반응 메커니즘 일부를 소개한다.

- 초기 분해

$$CH_4 + O_2 \rightarrow CH_3\cdot + HO_2\cdot$$

- 라디칼 전달

$$CH_3\cdot + O_2 \rightarrow CH_2\cdot + HO_2\cdot$$

- 분기 및 가속

$$H\cdot + O_2 \rightarrow OH\cdot + O\cdot$$

$$O\cdot + H_2 \rightarrow OH\cdot + H\cdot$$

- 종결

$$H\cdot + OH\cdot \rightarrow H_2O$$

위 반응에서 보듯, CH_4가 분해되면서 다양한 라디칼이 생성되고, 이 라디칼이 다시 다른 분자와 반응해 새로운 라디칼을 생성하면서 연소반응을 빠르게 추진한다. 최종적으로는 CO_2, H_2O 등의 안정된 생성물이 만들어진다.

2.2 연소반응의 수지식[18)]

1. 연소식의 양적 관계(당량비, 연소 공기량)[19)]

연소반응에서 연료와 산소(또는 공기)의 혼합비는 물질수지를 결정하는 핵심 요소이다.

- 당량비(ϕ) : 이론적으로 필요한 산화제 대비 실제 공급된 산화제의 비를 나타내는 무차원 수

$$\phi = \frac{\text{공급된 연료 / 산화제 비}}{\text{이론적으로 필요한 연료 / 산화제 비}} \qquad (2.13)$$

18) 화학공학총론(단위조작), 한국공업화학회 편

19) S. R. Turns, "An Introduction to Combustion: Concepts and Applications," 3rd ed.

① $\phi=1$: 당량(완전연소에 이론적으로 필요한 정확한 양의 산화제)
② $\phi>1$: 연료 과잉(불완전연소 발생 가능성 ↑)
③ $\phi<1$: 산화제 과잉(공기 과잉, 열효율 감소 가능성)

- **연소 공기량** : 연료 1 mol 또는 1 kg을 완전연소시키기 위해 필요한 이론 공기량. 연료 조성에 따라 화학량론적(stoichiometric) 계산으로 구함 예를 들어, 메테인 연소에 필요한 이론적 산소량은 메테인 1 mol당 산소 2 mol이므로, 공기 중 산소가 부피비 약 21%라 가정하면 이론 공기량을 계산할 수 있다.

$$CH_4 + 2O_2 \rightarrow CO_2 + 2H_2O$$

① 메테인 1 mol의 완전연소에 필요한 산소 : 2 mol
② 공기 중 산소 몰분율 : 약 0.21
③ 즉, 이론 공기량(몰 기준)은 20.21≈9.52 mol (공기)

2. 완전연소와 불완전연소

- **완전연소(complete combustion)** : 충분한 산화제(일반적으로 산소)가 공급되어, 연료가 이론적으로 최종 산화물(탄소 → CO_2, 수소 → H_2O 등)까지 완전하게 산화되는 상태이다.
  ① 결과적으로 CO_2, H_2O와 같은 무해한 물질이 주류 생성물
  ② 이론적으로 가장 높은 에너지 방출(열량)을 기대할 수 있음

- **불완전연소(incomplete combustion)** : 산화제가 부족하거나 반응 시간이 충분하지 않을 경우, 중간 산화물(CO, HC류, CC 입자(매연) 등)이 생성되며 에너지 방출 효율도 떨어진다.
  ① **대표적 생성물** : 일산화탄소(CO), 그을음(soot), 휘발성 유기화합물(VOCs) 등
  ② **안전 및 환경 측면** : 불완전연소 시 인체 유해 물질(CO 등)의 발생 우려가 커지고, 열효율 저하도 문제가 됨

3. 연소효율

연소효율(combustion efficiency)은 주어진 연료가 이론적으로 가진 발열량 중 실제로 유효 열로 전환되는 비율을 말한다.

1) 정의

$$\eta_{comb} = \frac{\text{실제 발열량}}{\text{이론 발열량}} \times 100(\%) \tag{2.14}$$

2) 영향 요인

- 공기비(당량비)의 편차($\phi \neq 1$)
- 연소온도, 화염온도, 난류 혼합 정도
- 열 손실(열전달 메커니즘), 배기가스 손실, 흡입 공기 온도

3) 개선 방안

- 연료·공기 예혼합 기술 사용(예 : 예혼합 버너)
- 최적 공기비 유지(초과 공기 과다 공급 방지)
- 연소실 내 단열 효과 극대화
- 배기가스 재순환(EGR) 등의 공정 최적화

3 연소생성물

3.1 연소생성물의 정의[20)]

연소생성물(combustion products)이란 물질이 산소와 결합하여 연소 과정을 거친 후 생성되는 모든 화학적 부산물을 의미한다. 이러한 생성물은 연소 조건, 연료의 성분, 산소농도 등에 따라 다양하게 나타나며, 주로 기체, 액체, 고체 상태로 존재한다. 대표적인 연소생성물로는 이산화탄소(CO_2), 일산화탄소(CO), 물(H_2O), 질소산화물(NOx), 황산화물(SOx),

20) Karl B. S. (2000). Combustion Engineering. Wiley.

탄화수소(HC) 및 입자상 물질(PM, Particulate Matter) 등이 있다.

표 2.8 연소생성물의 주요 종류와 특성

연소생성물	물리적 상태	주요 특성 및 위험성
CO_2	기체	온실가스, 지구 온난화 유발
CO	기체	독성, 헤모글로빈 결합 방해
H_2O	기체	연소 부산물, 상대적으로 무해
NOx	기체	호흡기 자극, 산성비 유발
SOx	기체	산성비 유발, 환경오염
PM	고체	호흡기 질환 유발

연소생성물은 연료의 완전연소 또는 불완전연소에 따라 그 종류와 농도가 달라진다. 완전연소에서는 주로 CO_2와 H_2O가 생성되지만, 불완전연소 시에는 CO, 탄화수소 및 다양한 유해 물질이 발생할 가능성이 높아진다.

3.2 연소생성물의 위험성[21)]

연소생성물은 화재 및 연소 과정에서 주변 환경과 인체에 다양한 위험성을 초래할 수 있으며, 주요 위험성을 다음과 같이 정리할 수 있다.

1. 독성

- **일산화탄소(CO)** : 무색, 무취의 유독성 가스로서, 혈액의 헤모글로빈과 결합하여 산소 운반을 방해한다. 고농도 노출 시 질식사를 초래할 수 있다.
- **질소산화물(NOx)** : 호흡기 자극 및 폐 손상을 유발하며, 고농도 노출 시 인체에 치명적이다.
- **다환방향족탄화수소(PAHs) 및 다이옥신** : 발암성이 있는 물질로 장기간 노출 시 암을 유발할 수 있다.

21) Glassman, I., & Yetter, R. A. (2008). Combustion. Academic Press.

2. 산소 결핍

연소 과정에서 산소가 소비됨으로써 밀폐된 공간에서는 산소농도가 급격히 감소할 수 있다. 이는 질식 위험을 증가시킨다.

3. 환경 오염

- **이산화탄소(CO_2)** : 대표적인 온실가스로서, 지구 온난화의 주범으로 작용한다.
- **미세먼지(PM)** : 대기 중에 부유하여 호흡기 및 심혈관 질환을 유발한다.
- **산성비** : SOx와 NOx가 대기 중에서 물과 반응하여 산성비를 형성함으로써 토양 및 수질 오염을 초래한다.

4. 화재 및 폭발 위험

연소 과정 중 생성되는 가연성 가스는 특정 농도 범위에서 폭발 가능성이 있으며, 이는 추가적인 2차 재난을 유발할 수 있다.

3.3 연소생성물의 위험 요소[22)]

연소생성물의 위험 요소는 물질의 물리적, 화학적 특성과 환경적 요인에 따라 달라질 수 있으며, 주요 위험 요소는 다음과 같다.

1. 연소 조건

- **산소농도** : 산소농도가 낮은 환경에서는 불완전연소가 발생하여 유독성 물질의 생성 가능성이 증가한다.
- **온도** : 연소온도가 높을수록 NOx와 같은 고온반응 생성물의 농도가 증가한다.

2. 연료의 성분

- 황, 질소, 탄소 함량이 높은 연료는 SOx, NOx 및 CO와 같은 유해 물질

22) 한국화재소방학회 (2020). 화재 및 폭발 안전공학.

을 다량 배출한다.

- 합성수지나 플라스틱 등 유기화합물 기반 연료는 다이옥신과 같은 고독성 화합물을 생성할 수 있다.

3. 환기 상태

밀폐된 공간에서는 연소생성물이 축적되기 쉬워 독성가스 농도가 급격히 증가할 수 있다.

4. 입자 크기 및 농도

Pm2.5와 같은 초미세 입자는 호흡기를 통해 쉽게 체내에 흡수되어 심각한 건강 문제를 유발할 수 있다.

4 연기와 그을음

4.1 연기의 정의[23)]

연기(smoke)는 연소 과정에서 발생하는 고체, 액체, 기체 상태의 미립자와 화학물질의 복합체로, 공기 중에 떠다니는 형태를 가진다. 연기는 주로 가연성 물질이 연소하면서 발생하며, 연소의 불완전성, 즉 산소 공급이 부족하거나 연료의 혼합비가 적절하지 않을 때 더 많은 양이 생성된다. 연기의 주요 구성 요소는 다음과 같다.

- **고체 입자** : 그을음(soot)으로 알려진 탄소 기반 입자
- **액체 입자** : 미세한 에어로졸 형태의 액체 물질
- **기체 물질** : 연소 과정에서 발생하는 이산화탄소(CO_2), 일산화탄소(CO), 질소산화물(NOx), 황산화물(SOx) 등의 화합물

이러한 구성 요소는 연기의 농도, 색상, 냄새 등을 결정하며, 환경 및 건강에 큰 영향을 미친다.

---

23) Karlsson, B., & Quintiere, J. G. (2000). Enclosure Fire Dynamics. CRC Press.

4.2 연기의 특성[24)]

연기의 특성은 주로 연료의 성질, 연소 조건, 공기 공급량에 따라 달라지며, 주요 특성은 다음과 같다.

1. 물리적 특성

- **입자 크기 분포** : 연기 입자의 크기는 보통 0.1~10 μm 사이로, PM10(10 μm 이하의 입자)과 Pm2.5(2.5 μm 이하의 입자)가 포함된다. 작은 입자는 호흡기를 통해 인체 내부로 쉽게 침투할 수 있다.
- **색상** : 연기의 색은 연소 상태와 연료에 따라 달라진다. 완전연소 시에는 흰색이나 회색, 불완전연소 시에는 검은색의 연기가 발생한다.
- **밀도** : 연기의 밀도는 입자 농도와 가스 성분에 따라 달라지며, 높은 밀도의 연기는 시야를 제한하는 주요 원인이다.

2. 화학적 특성

- **독성** : 연기에는 독성 화학물질이 포함되어 있으며, 일산화탄소(CO), 사이안화수소(HCN), 폼알데하이드(HCHO)와 같은 물질이 대표적이다.
- **연소 가능성** : 일부 연기 입자와 가스는 불완전연소로 인해 가연성을 가지며, 추가적인 점화원에 의해 2차 화재를 유발할 수 있다.

3. 열적 특성

연기는 높은 온도를 가지고 있으며, 화재 현장에서의 열전달 메커니즘 중 하나로 작용한다. 복사열, 대류, 전도를 통해 열이 전달되며, 이는 화재확산의 주요 요인 중 하나이다.

24) SFPE. (2016). SFPE Handbook of Fire Protection Engineering. Springer.

4.3 건축 화재와 연기[25]

건축 화재에서는 연기가 인명 피해와 재산 피해의 주요 원인으로 작용한다. 화재 상황에서의 연기의 특성과 거동은 다음과 같이 설명할 수 있다.

1. 연기의 확산

- **대류** : 연기의 주요 확산 메커니즘으로, 높은 온도의 연기가 위로 상승하며 건물 내부의 공기 흐름을 따라 확산된다.
- **압력 차이** : 건물 내부와 외부의 온도 및 압력 차이에 의해 연기가 빠르게 퍼질 수 있다.
- **환기 조건** : 개방된 문과 창문, 환기 시스템은 연기의 확산 경로와 속도에 큰 영향을 미친다.

2. 인명 피해와 연기

- **질식** : 연기는 산소농도를 낮추고, 독성 가스를 포함하여 호흡 곤란과 질식을 유발할 수 있다.
- **시야 제한** : 연기의 농도가 높을수록 시야가 제한되어 피난과 구조 활동이 어려워진다.
- **열 손상** : 뜨거운 연기가 피부와 호흡기에 직접적인 열 손상을 입힐 수 있다.

3. 연기 제어

건축 화재에서 연기를 효과적으로 제어하는 것은 인명 구조와 재산 보호에 필수적이다. 주요 연기 제어 방법은 다음과 같다:

- **스모크 제어 시스템** : 스프링클러, 환기 시스템, 스모크 배출구 등을 통해 연기의 농도를 줄이고 확산을 제한한다.
- **방화벽 및 방화문** : 연기의 확산 경로를 차단하여 피해를 최소화한다.
- **적절한 피난 계획** : 연기를 고려한 피난 경로 설계는 화재 상황에서의 생존 가능성을 높인다.

25) DiNenno, P. J. (Ed.). (2002). Fire Protection Handbook. NFPA.

5 화염과 열

5.1 화염의 생성[26)]

화염(flame)은 연료와 산화제가 화학반응을 통해 열과 빛을 방출하며 생성되는 가시적인 연소 영역이다. 화염은 연소의 유형과 조건에 따라 다양한 형태를 가지며, 그 생성 과정은 다음과 같이 설명할 수 있다.

1. 화학적 반응

- 화염은 연료와 산소가 연소반응을 통해 산화물 (예 CO_2, H_2O)과 에너지를 방출하는 과정에서 생성된다.
- 주요 반응 단계
  ① **발화(ignition)** : 충분한 에너지가 가해져 연료와 산소 분자가 활성화된다.
  ② **연소반응(combustion reaction)** : 활성화된 분자가 결합하며 산화반응이 진행된다.
  ③ **방출 에너지(energy release)** : 반응 결과 열과 빛이 생성된다.

2. 화염의 구조

화염은 주로 세 가지 영역으로 나뉜다.

- **사전혼합 구역(premixed zone)** : 연료와 산소가 혼합되어 초기 화학반응이 일어나는 영역
- **반응 구역(reaction zone)** : 높은 온도에서 화학반응이 가장 활발하게 일어나는 중심 영역
- **사후연소화 구역(post-combustion zone)** : 반응이 끝난 후 생성물이 냉각되며 안정화되는 영역

26) Turns, S. R. (2012). An Introduction to Combustion: Concepts and Applications. McGraw-Hill Education.

표 2.9 예혼합 화염과 확산 화염의 비교

특성	예혼합 화염	확산 화염
연료와 산화제의 혼합	• 연소 이전에 연료와 산화제가 미리 혼합	• 연료와 산화제가 화염에서 혼합
화염의 안정성	• 혼합 비율에 따라 화염 안정성이 높음	• 연소 조건에 따라 안정성이 낮아질 수 있음
연소속도	• 높은 연소속도를 가짐	• 상대적으로 낮은 연소속도를 가짐
산소의존도	• 연료와 산소의 비율에 따라 연소 특성이 결정	• 산소 공급에 크게 의존
주요 예시	• 가스 버너, 엔진 내 연소	• 양초 화염, 오일 램프

3. 화염의 유형

- **확산 화염(diffusion flame)** : 연료와 산화제가 화염 표면에서 혼합되어 반응하는 형태 (예 양초 화염)
- **예혼합 화염(premixed flame)** : 연료와 산화제가 미리 혼합된 상태에서 점화되는 화염 (예 가스 버너 화염)
- **난류 화염(turbulent flame)** : 난류 흐름에서 발생하는 불규칙한 화염

5.2 열의 생성[27)28)]

열은 연소 과정에서 화학에너지가 열에너지로 변환되며 발생한다. 연소 과정에서의 열 생성은 열역학적 법칙에 따라 분석할 수 있다.

1. 연소반응과 열 방출

- 연소는 주로 발열반응으로, 화학결합이 깨지면서 방출된 에너지가 열로 나타난다.
- **반응 엔탈피(reaction enthalpy)** : ① 발열반응 : $\Delta H < 0$
  ② 흡열반응 : $\Delta H > 0$
- **주요 반응** : 탄화수소 + O_2 → CO_2 + H_2O + 열

27) Glassman, I., Yetter, R. A., & Glumac, N. G. (2014). Combustion. Academic Press.
28) SFPE. (2016). SFPE Handbook of Fire Protection Engineering. Springer.

2. 열전달 메커니즘

- **전도(conduction)** : 고체를 통해 열이 전달되는 방식 (예 금속 재료에서의 열전달)
- **대류(convection)** : 유체의 흐름을 통해 열이 이동 (예 화재 현장에서 연기와 열기의 상승)
- **복사(radiation)** : 전자기파를 통해 열이 전달 (예 화염에서 복사열 방출)

3. 화재와 열의 특성

- 화재 현장에서는 대류와 복사가 주요 열전달 방식이다.
- 열의 축적과 전달은 화재확산 속도와 피해 규모를 결정짓는 중요한 요인이다.

CHAPTER 03

열전달 및 열방출

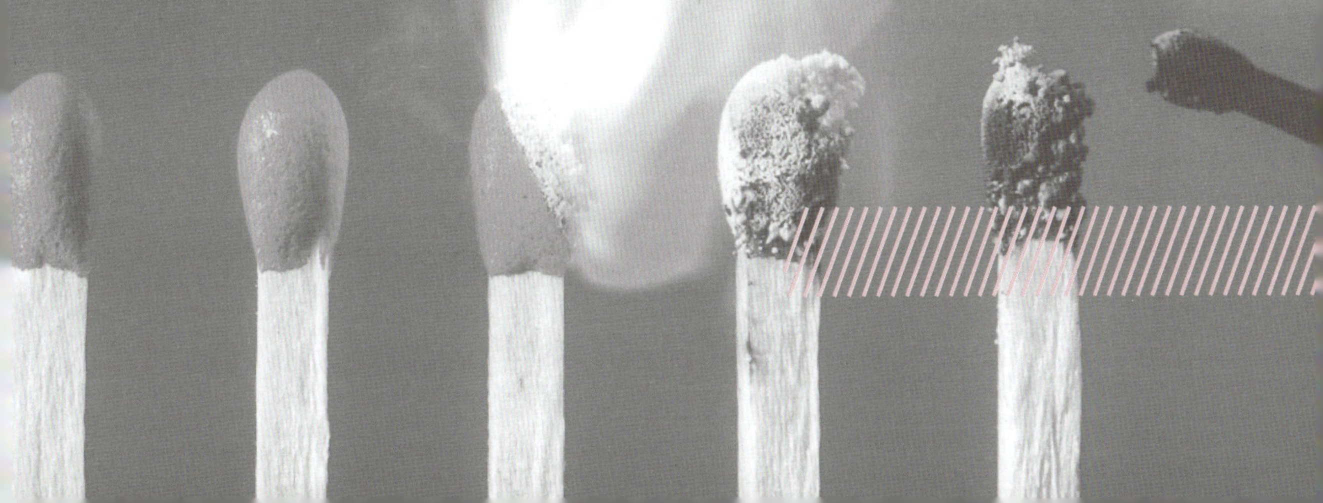

CHAPTER 03

열전달 및 열방출

학습목표

- 열역학에 대한 기본 개념을 학습한다.
- 열전달 메커니즘을 이해하고 열전달이 화재 확산 및 건축구조물의 열적 손상에 미치는 영향을 학습한다.
- 연소 과정에서 발생하는 열 방출의 원리를 이해한다.

1 열역학

연소공학을 학습할 때 열역학은 화학반응으로부터 에너지가 어떻게 변환되고 전달되는지를 파악하기 위한 기초 학문이며, 열역학적 관점에서 연소는 연료의 화학적 에너지가 열에너지(및 다른 형태의 에너지)로 변환되는 과정이라 할 수 있다.[1)]

1.1 열역학 법칙

열역학 법칙은 에너지의 형태 변환과 엔트로피의 변화를 체계적으로 설명하는 원리로, 연소공학에서 연료의 화학적 에너지가 어떻게 열에너지로 변환되고 전파되는지를 이해하기 위해 필수적인 개념이다. 일반적으로 열역학 법칙은 제0법칙부터 제3법칙까지 존재하지만, 연소공학에서 핵심적으로 다루는 것은 주로 제1법칙과 제2법칙이다.

1. 열역학 제0법칙(thermodynamic zeroth law)

1) 정의

열역학 제0법칙은 온도(temperature)라는 물리량을 정의하는 가장 기초적인 원리를 제공한다.

두 시스템 A와 B가 각각 시스템 C와 **열평형**(thermal equilibrium)에

1) Cengel, Y. A., & Boles, M. A. (2019). Thermodynamics: An Engineering Approach. McGraw-Hill Education.

있다면, A와 B도 서로 열평형 상태에 있다는 것이 골자이다.

2) 의의

온도의 개념을 체계적으로 확립하고, 이를 통해 측온(온도계 사용) 방법의 이론적 근거를 마련한다. 서로 다른 물체 간에 "온도가 동일하다"라는 의미를 과학적으로 정의함으로써 후속 열역학 법칙들의 기반이 된다.

3) 연소공학적 예시

화재 현장에서 여러 구역의 온도를 측정할 때, 특정 구역의 온도계를 기준으로 다른 구역과 열평형 상태가 이루어진다면 해당 구역들의 온도가 동일하다고 판단할 수 있다.

연소실험에서 시료(연료)와 열원을 접촉시켜, 둘 사이의 온도 차가 사라질 때 비로소 화재 혹은 연소의 초기 조건을 분석할 수 있다.

2. 열역학 제1법칙(thermodynamic first law)

1) 정의

에너지는 생성되거나 소멸되지 않고, 단지 한 형태에서 다른 형태로 전환될 뿐이라는 "에너지 보존 법칙"을 담고 있다. 수식으로는 내부 에너지(ΔU) 변화가 공급된 열(Q)과 시스템이 한 일(W)에 의해 결정된다.

$$\Delta U = Q - W \tag{3.1}$$

2) 의의

닫힌계(closed system)에서 열과 일이 어떻게 에너지 변화를 일으키는지 설명한다.

연소공학에서 연료가 가진 화학적 에너지가 열에너지(온도상승)와 기계적 에너지(일)로 전환되는 과정을 분석할 수 있는 근거가 된다.

3) 연소공학적 예시

연소실(combustion chamber)에서 연료가 연소하면서 발생하는 열은 주변 유체(공기 등)의 온도를 상승시키거나, 팽창 과정에서 터빈에 일을 제공할 수 있다.

화재 시 방 안의 에너지 균형을 따져보면, 외부에서 공급되는 열(화원이 공급하는 열)과 내부 벽이나 천장으로 손실되는 열, 그리고 그 과정에서 발생하는 내부에너지 변화를 통해 온도상승과 화세(화염의 강도)를 예측할 수 있다.

3. 열역학 제2법칙(thermodynamic second law)

1) 정의

자연계에서 에너지 변환은 한 방향성을 가지며, 고온에서 저온으로 열이 흐르는 과정은 자발적이지만, 그 반대 방향은 자발적으로 일어나지 않는다.

고립계(isolated system)에서 엔트로피(entropy)는 항상 증가하거나 일정하게 유지되며, 결코 감소하지 않는다.

2) 의의

엔트로피(entropy)라는 개념을 도입하여 **비가역성**(irreversibility)을 정량적으로 해석한다.

Carnot 사이클이나 Rankine 사이클 등, 열기관의 최대 효율 한계를 설명한다. 연소공학에서 연소반응은 보통 고온·고압 상태를 유도하는 비가역 과정이므로, 반응 과정에서 엔트로피의 변화를 고려해야 한다.

3) 연소공학적 예시

화재 시 불꽃이 퍼져 나가는 과정은 고온부에서 저온부로 열이 이동하는 비가역적 과정이다.

보일러나 터빈 등에서 연소 가스를 이용해 일을 추출할 때, 실제 시스템은 마찰 손실, 열 손실 등에 의해 이상적인(가역적인) 상태에 미치지 못하는데, 이는 제2법칙이 제시하는 엔트로피 증가로 설명될 수 있다.

화재진압 시 소화약제를 투입해 온도를 낮추는 것은 외부에서 에너지를 투입하거나 특정 반응을 유도하여 고온→저온으로의 열 흐름을 인위적으로 조정하는 예시로 볼 수 있다.

4. 열역학 제3법칙(thermodynamic third law)

1) 정의

절대온도(0K)에 도달하는 것은 원칙적으로 불가능하며, 온도가 0K에 가까워질수록 이상적인 결정 상태에서 엔트로피는 일정한 상수값(이상적으로는 0)에 접근한다.

2) 의의

절대온도를 기준으로 물질의 엔트로피 값을 정의할 수 있는 이론적 토대를 마련한다.

극저온(cryogenic) 상태에서 물질의 거동을 해석하거나, 저온 재료의 열역학적 특성을 예측할 수 있도록 한다.

3) 연소공학적 예시

실제 연소 공정에서 0K에 근접하는 상황은 발생하지 않지만, 저온에서의 촉매 성능이나 반응 경로 해석을 위해서는 온도가 낮아질 때 엔트로피가 어떻게 변하는지를 이해하는 것이 중요하다.

일부 고감도 화재 현상의 시뮬레이션에서 낮은 온도 영역에서의 열 물성치(예 열전도도, 열용량 등)는 제3법칙에 근거하여 결정된 절대 엔트로피 자료를 바탕으로 보정될 수 있다.

결론적으로, 연소공학에서 제1법칙과 제2법칙은 에너지 변환 및 엔트로피 증가를 통해 화재나 연료 연소 과정을 분석하는 핵심 지침이 된다. 제1법칙으로 화학결합 에너지가 어떻게 보존되고 변환되는지 파악하고, 제2법칙으로 실제 공정에서 사용 가능한 에너지가 어떻게 제한되는지를 이해함으로써, 연소효율을 높이고 안전성을 확보할 수 있는 설계 및 대책을 마련할 수 있다.

1.2 엔탈피와 반응열

1. 엔탈피(enthalpy, ΔH)

엔탈피는 소방 공학에서 단순히 '온도변화에 따른 열량계산'을 넘어, 연소 현상의 에너지 해석과 화재 안전 설계를 수행하기 위한 핵심적인 열역학적 지표로서 화재가 발생하면, 연소 물질에서 발생하는 열은 대기와 주변 환경에 전파되면서 온도와 압력을 변화시킨다. 이를 정압 과정으로 간주할 수 있을 때, 엔탈피를 사용하면 해당 열전달 과정을 쉽게 수치화하고, 필요한 냉각 및 소화 대책을 수립할 수 있다.

또한 소방 공학 및 화재 안전공학에서는 화재 시뮬레이션(FDS, Fire Dynamics Simulator)에서 엔탈피를 비롯한 열역학적 성질이 유한 체적 방법으로 계산되어, 화재확산과 연기 거동을 예측하는 데 활용되고 있다.

결론적으로, 엔탈피는 연소 및 화재 과정에서 나타나는 열에너지 흐름을 체계적으로 이해하기 위한 필수적인 열역학 개념이다. 시스템 내부에너지를 넘어 외부와의 압력 · 부피 관계까지 고려함으로써, 화재 및 연소반응의 열적 특성을 정확히 해석하고 설계 개선에 적용할 수 있게 해 준다. 이는 소방 공학 전공자들이 향후 안전 설계 및 실무 응용에서 반드시 숙지해야 할 이론적 지식이 될 것이다.

1) 엔탈피의 정의

엔탈피는 열역학에서 자주 등장하는 개념으로, **내부에너지(internal energy,** U)에 압력(p)과 부피(V)의 곱(pV)을 더한 값으로 정의되며, 수식으로는 다음과 같이 표현한다.

$$H = U + pV \tag{3.2}$$

엔탈피는 크게 보아 시스템이 가진 "열 콘텐츠(heat content)"를 나타내는 성격을 띠며, 일정 압력 하에서 주고받는 열의 양을 논할 때 특히 유리하게 쓰인다.

연소공학이나 소방 공학에서 다루는 연소 및 화재 현상은 대기압(또는 특정 압력)을 유지하는 과정이 많기 때문에, 정압 과정(isobaric process)을 분석하는 데 엔탈피 개념이 매우 중요하다. 이를 통해 연료가 가진 화학에너지가 어떻게 열로 방출되는지, 그리고 주변 물질(공기, 고체 벽, 냉각수 등)에 어떤 식으로 열이 전달되는지를 손쉽게 계산할 수 있다.

2) 엔탈피와 내부에너지의 비교

엔탈피를 이해하기 위해서는 내부에너지와의 비교가 필수적이다. 내부에너지는 시스템 내부에 축적된 총에너지로, 분자나 원자의 운동에너지, 위치에너지, 분자 간 상호 작용 에너지를 모두 포함한다. 반면, 엔탈피는 내부에너지에 추가로 'pV 항'을 고려한다. 이 pV 항은 시스템이 외부에 대해 압력을 유지하면서 부피를 차지하거나 변화를 일으킬 때 필요한 에너지를 의미한다.

즉, 엔탈피는 내부에너지와 시스템이 외부에 대해 일할 수 있는 에너지를 더한 것이라고 해석할 수 있다. 정압 조건에서 일은 주로 부피가 팽창·수축할 때 발생하므로, 화재 현장이나 연소반응에서 외부 대기압이 거의 일정하다면, 엔탈피를 이용해 내부에너지를 포함한 총 열에너지 흐름을 효과적으로 설명할 수 있다.

3) 엔탈피 변화(ΔH)와 열

엔탈피가 가장 유용하게 쓰이는 맥락은 시스템의 엔탈피 변화를 통해 열을 직관적으로 해석할 수 있다는 점이며 정압 과정에서 다음과 같은 관계가 성립한다.

$$\Delta H = Q_p \tag{3.3}$$

이는 "압력이 일정하게 유지되는 공정에서 시스템이 흡수하거나 방출하는 열(Q)은 시스템의 엔탈피 변화(ΔH)에 대응한다"는 의미이다. 예를 들어, 물을 가열하여 증기로 만드는 공정을 생각해 볼 때, 이 과정은 대기압에서 진행된다고 가정하면, 물이 증발하기 위해 흡수하는 열은 결과적으로 증기가 될 때까지 엔탈피가 증가하는 양으로 환산할 수 있다.

또 다른 예로, 고체 연료(예 나무, 플라스틱 등)가 화재 현장에서 연소하여 발생하는 열도 대기압 상태를 유지하는 한, 반응 전후 물질(반응물과 생성물)의 엔탈피 차이로 표현될 수 있다. 이를 연소반응 엔탈피(반응열)로 정의할 때, 소방 공학자나 연소공학자가 화재 규모나 열 방출률을 계산하는 데 크게 도움이 된다.

2. 반응열(heat of reaction)

반응열은 연소공학에서 화재 규모와 온도상승, 열 방출률, 소화 전략 등 핵심 요소를 결정짓는 매우 중요한 변수이다. 화재가 발생할 때 가연물(연료)이 산화제를 만나 반응하면서 발생하는 발열량이 곧 주변 구조물이나 설비, 그리고 인명 안전에 직접적인 영향을 미치기 때문이다. 실제 소방 및 화재 안전 분야에서는 다음과 같은 형태로 반응열 개념을 적극적으로 활용한다.

- **화재위험 등급 분류** : 건축물에 사용되는 각종 소재나 인테리어, 가구 등이 가지고 있는 잠재적 발열량(반응열)을 사전에 파악해 화재위험 등급을 선정한다.
- **화재 시뮬레이션** : 컴퓨터 모델(FDS 등)을 사용하여 가상 화재 실험을 할 때, 연료별 반응열과 연소 특성(반응속도, 방출 가스 성분 등)을 입력해 시뮬레이션 정확도를 높인다.
- **소화약제 및 소방 시스템 설계** : 현장에서 실제 화재가 발생했을 때 투입되는 소화약제의 종류·양을 결정하기 위해, 해당 가연물의 반응열과 연소 특성을 먼저 파악한다.

요약하자면, 반응열은 연료가 가진 화학에너지가 얼마나 빠르고 크게 열로 전환되는가를 수치로 보여주는 지표로서 소방 공학 전공자들은 반응열의 개념을 숙지함으로써, 화재 발생 시 열에너지 거동을 이해하고 화재 예방·진압 전략을 과학적으로 수립하는 데 큰 도움을 얻을 수 있다.

1) 반응열의 개념과 정의

반응열이란 어떤 화학반응이 진행될 때 방출되거나 흡수되는 열의 양을 말하며, 열역학적으로는 반응 전후 시스템의 엔탈피 차이로 표현한다.

$$\Delta H_{reaction} = H_{product} - H_{reactant} \tag{3.4}$$

- 발열반응(exothermic reaction) : 생성물의 엔탈피가 반응물보다 낮으면 ($\Delta H < 0$) 시스템이 열을 외부로 방출하며, 연소반응은 대표적인 발열반응이다.
- 흡열반응(endothermic reaction) : 생성물의 엔탈피가 반응물보다 높으면($\Delta H > 0$) 외부로부터 열을 흡수한다.

연소공학에서 반응열은 연료가 산화제(주로 산소)와 결합할 때 발생하는 열량을 말하며, 이는 화재확산 속도, 방출 열량(heat release rate), 온도 분포 등과 직결된다. 특히 소방 공학적 관점에서는 화재 안전 설계나 소화 전략을 수립하기 위해 다양한 연료별 반응열 데이터를 정밀하게 다룬다.

2) 반응열과 연소반응

(1) 연소반응의 특성

연소란 주로 탄화수소류(hydrocarbon)나 기타 가연성 물질이 산소와 급격한 산화반응을 일으키며 열과 빛(화염)을 방출하는 과정이다. 대부분의 연소반응은 고온에서 자발적으로 진행되며, 주변 온도를 빠르게 상승시키는 발열반응의 대표적인 예이다.

연료(탄화수소)의 연소반응식을 예시로 들면, 메테인(CH_4)의 완전연소 시 다음과 같이 표현된다.

$$CH_4 + 2O_2 \rightarrow CO_2 + 2H_2O \quad (\Delta H < 0)$$

여기서 방출되는 열량이 메테인의 연소반응열에 해당한다.

(2) 반응열의 종류

- 고위발열량(HHV, Higher Heating Value) : 생성물 중 물을 액체 상태로 응축시켜 그 과정에서 발생하는 잠열까지 포함한 열량이다. 주거용 보일러 등에서 응축식 기술을 적용하면 이 잠열까지 회수가 가능

하므로 높은 열효율을 기대할 수 있다.

- **저위발열량(LHV, Lower Heating Value)** : 생성물 중 물을 기체 상태로 간주하며, 응축에 따른 잠열을 제외한 열량이다. 일반적인 가스보일러나 엔진에서 물이 응축되지 않는 조건을 가정할 때 LHV가 실효 발열량으로 자주 인용된다.

(3) 표준 반응열의 개념

- 연소반응열을 실험적으로 혹은 이론적으로 정확히 구하기 위해, 다음의 표준 열역학 자료를 활용한다.
- **표준 생성 엔탈피(ΔH_f^o)** : 화합물이 가장 안정한 상태에서 원소로부터 생성될 때의 엔탈피 변화
- **표준 연소 엔탈피(ΔH_c^o)** : 물질 1 mol이 표준상태에서 완전연소할 때의 엔탈피 변화

이러한 표준값을 사용하면 생성물과 반응물의 표준 엔탈피를 빼서 반응열을 쉽게 계산할 수 있다.

3) 연소공학에서 반응열의 중요성

(1) 화재 안전 설계(fire safety engineering)

- **최대 열 방출률(HRR, Heat Release Rate)** : 화재가 발생했을 때, 특정 연료가 단위 시간당 방출할 수 있는 열량은 그 연료의 연소반응열 크기에 크게 좌우된다.
- **화재확산 모델링** : 화재 시나리오를 수립할 때, 반응열 데이터를 기반으로 정확한 열원(ignition source) 규모, 온도상승 곡선 등을 예측할 수 있다. 결과적으로 비상 대피, 스프링클러 설계, 환기 전략 등을 마련하는 데 중요한 역할을 한다.

(2) 연소 기술 및 에너지 효율

- **보일러 및 터빈** : 발열량이 큰 연료를 사용하면, 같은 연료량으로 더 많은 열에너지를 얻을 수 있어 효율이 올라간다. 다만, 발열량이 너무 높으면 장비의 내열 한계를 고려해야 한다.

- **신재생에너지 및 대체 연료** : 바이오매스, 수소, 합성가스 등 새로운 에너지원의 연소반응열을 정밀하게 파악해 기존 화석연료와 비교·적용 가능성을 검토한다.

(3) 소화 전략 및 화학 소화 메커니즘

소화약제(예 CO_2, 할로젠계 소화약제 등)는 연소반응이 일어나는 순간 필요한 산소농도를 낮추거나 반응열을 흡수하여 연소를 억제한다. 이 과정에서도 반응열의 크기가 클수록 소화 에너지나 약제량이 많아야 하며, 역으로 고발열 연료의 화재는 진압이 어려워질 수 있다.

2 열전달

열전달은 연소 후 발생한 열이 주변으로 어떻게 이동하는지 분석하는 학문 분야로서 화재의 진행 양상, 화염 온도 분포, 화학반응속도 등 연소 관련 현상을 정확히 이해하기 위해 열전달의 메커니즘을 파악해야 한다.

2.1 열전달 메커니즘

1. 전도(conduction)

1) 기본 개념 및 물리적 원리

전도란 고온 영역에서 저온 영역으로 열이 이동하는 현상으로, 주로 물질 내부의 분자 진동, 자유전자 이동 등에 의해 열이 전달된다. 고체 상태의 물질에서 특히 중요한 열전달 기전이며, 액체나 기체에서도 국소적으로 전도가 일어날 수 있지만, 밀도가 낮은 매질에서는 상대적으로 대류나 복사 현상이 더 크게 작용하는 경우가 많다.

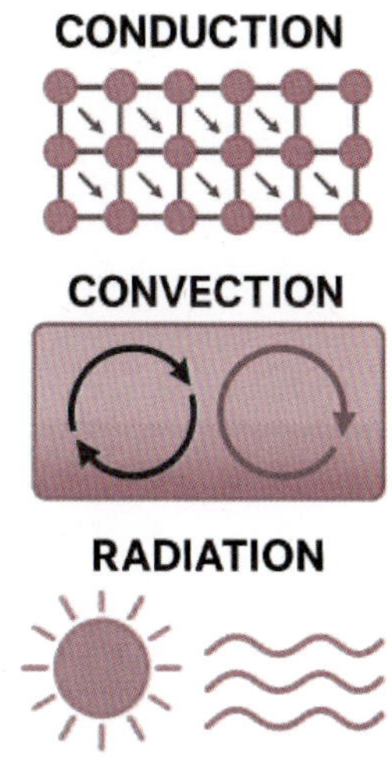

그림 3.1 열전달 메커니즘 개요

전도 열전달의 기본 방정식은 아래와 같이 푸리에(Fourier)의 법칙으로 표현한다.

$$q = -k\frac{dT}{dx} \tag{3.5}$$

여기서, q(W/m^2)는 열유속(단위 면적당 단위 시간에 전달되는 열량), k (W/m · K)는 열전도율(물질 고유의 열전달 능력), T(K)는 온도이며, x는 공간 좌표인데 부호 (−)는 고온에서 저온 방향으로 열이 이동함을 나타낸다.

이때 열전도율(k)은 소재의 종류나 구조에 따라 크게 달라지며, 금속처럼 자유전자가 많은 물질은 열전도율이 매우 높다. 반면, 세라믹이나 고분자, 다공성 단열재 등은 열전도율이 낮아 열이 쉽게 전달되지 않는다.

만약 단순화하여 두께 L을 갖는 평판 양쪽에 일정한 온도 차가 유지된다고 할 때, 면적 A를 통해 전도되는 열전달율(heat transfer rate) $\dot{Q}$는 다음과 같이 표현할 수 있다.

$$\dot{Q} = \frac{kA(T_{hot} - T_{cold})}{L} \tag{3.6}$$

2) 연소공학에서의 전도 적용 사례

(1) 고체 연료의 탄화(charring) 해석

화재 시 목재, 플라스틱, 고분자 물질 등 고체 연료의 표면이 먼저 가열되면서 내부로 열이 전도되어 간다. 이때 전도 속도가 빠를수록 내부 온도가 급상승하고, 결국 연료가 더 빠르게 분해(thermal decomposition) · 산화(oxidation)를 거쳐 연소가 진행될 수 있다.

(2) 건축구조물의 온도 분포 분석

철골조나 콘크리트 구조물에 불이 붙으면, 화염에 직접 노출된 표면부터 열이 전도되어 내부 온도가 서서히 올라간다. 구조재의 강도가 저하되는 시점을 예측하기 위해서는 전도 방정식과 재료 물성(열용량, 열전도율 등)을 정확하게 반영한 열 해석이 필수적이다.

(3) **열 차폐 및 단열재 설계**

화재 안전 설계 시, 단열 성능이 우수한 재료(유리섬유, 암면 등)를 사용하면 전도를 통한 열 확산을 억제할 수 있으며, 이를 통해 불꽃이 천장이나 벽체 뒤로 빠르게 침투하는 것을 방지하고, 화재확산 시간을 지연시킬 수 있다.

2. 대류(convection)

1) 기본 개념 및 구분

대류는 유체(기체 · 액체)의 대규모 이동(mass motion)을 통해 열이 전달되는 현상으로, 크게 자연대류(free convection)와 강제대류(forced convection)로 구분한다.

- **자연대류** : 온도 차에 따른 밀도 차이 때문에 발생하는 부력이 원동력이다. 예를 들어 화재 실내에서 뜨거워진 공기가 위로 상승하고, 아래쪽으로는 상대적으로 차가운 공기가 들어오는 현상이 이에 해당한다.
- **강제대류** : 팬, 펌프, 송풍기 등 외부 장치를 이용하여 유체를 인위적으로 이동시키는 경우로서 보일러나 터빈처럼 연소가스 흐름을 제어해 열교환 효율을 높이는 설비가 여기에 해당한다.

대류 열전달의 크기는 주로 뉴턴의 냉각법칙(Newton's law of cooling)으로 표현한다.

$$q_{conv} = \ (T_s - T_\infty) \tag{3.7}$$

여기서, q(W/m^2)는 열유속(단위 면적당 단위 시간에 전달되는 열량), h (W/m^2 · K)는 대류 열전달계수(convective heat transfer coefficient)로서 유체의 열 물성(열전도율, 점도, 비열 등)과 유체의 유동 상태(유속, 유량, 레이놀즈 수, 프란들 수 등)에 따라 달라진다. A(m^2)는 대상 표면적, T_s(K)는 고체 표면온도, T_∞(K)는 유체의 대류권(멀리 떨어진, 혹은 자유 유동) 온도이다.

대류 열전달계수 h는 실험적 혹은 준이론적 상관식을 통해 계산한다. 예를 들어, 유동이 완전히 발달한 원형 관 내 강제대류에서는 누셀트 수(Nusselt number, Nu)가 레이놀즈 수(Re), 프란들 수(Pr)의 함수로 주어지며, 이를 기반으로 h를 추정한다.

2) 대류 열전달에 영향을 주는 요인

- **유체 속도(유동 환경)** : 강제대류에서 팬의 송풍 속도가 빠를수록 표면에 대한 열전달계수가 증가한다.
- **물성(점도, 열전도율, 비열 등)** : 고온 가스나 수증기는 온도가 올라갈수록 점도가 달라지고, 이에 따라 유동 특성과 열전달 특성이 크게 변동된다.
- **표면 형상** : 유체가 흐르는 물체의 형태(평판, 원통, 구 등)에 따라 경계층이 형성되는 방식이 달라지고, 그에 따라 대류 열전달 효과도 변한다.

3) 연소공학에서의 대류 적용 사례

(1) 화재실의 연기 거동

화재 시 실내 상층부에는 뜨거운 연기가 모여 층을 형성(hot layer)하고, 하층부에는 비교적 차가운 공기가 유지된다. 이때 뜨거운 층에서 바깥으로 연기가 유출되거나, 문 · 창문 등을 통해 외부 공기가 유입되는 대류 현상은 화재 동역학을 결정짓는 주요 요인이다.

(2) 보일러 및 가스터빈 연소실

고온 연소 가스가 튜브나 열교환기 표면을 통과하면서 대류를 통해 열을 물(또는 공기)에 전달하게 된다. 이를 통해 증기를 만들거나 직접 난방 등을 수행하는데, 설계 시 유동 특성과 열전달계수를 정확히 고려해야 효율적인 에너지 변환이 가능하다.

(3) 소화 및 냉각 효과

물 분무 또는 가스 소화약제를 분사하면, 대류 흐름을 통해 광범위한 영역에 열 흡수와 희석 효과를 일으킨다. 특히 활발한 난류(turbulent) 대류 상태에서는 소화약제가 화염 근처에 빠르게 확산되어 연소반응을 억제한다.

3. 복사(radiation)

1) 기본 개념과 물리학적 배경

복사는 매질이 없어도 열에너지가 전자기파(electromagnetic wave) 형태로 전달되는 현상이다. 고온 물체에서 복사 스펙트럼(적외선 영역 중심) 형태로 방출되는 에너지가 다른 물체에 흡수되어 온도를 높이게 된다. 화염이나 고온 표면은 모두 복사열을 방사(emit)하며, 가까운 물체가 이를 흡수(absorb), 반사(reflect), 투과(transmit)함으로써 열에너지가 전달된다.

복사 열전달은 스테판-볼츠만(Stfan-Boltzmann) 법칙으로 대표되며, 표면온도가 4제곱에 비례해 복사열이 급격히 증가하는 특징이 있다.

$$q_{rad} = \epsilon\sigma(T_s^4 - T_{sur}^4) \tag{3.8}$$

여기서, q(W/m^2)는 열유속(단위 면적당 단위 시간에 전달되는 열량), T(K)는 흑체 표면온도, ϵ은 표면 방출률(emissivity), $\sigma \approx 5.67 \times 10^{-8}$(W/m^2 · K^4)는 스테판-볼츠만 상수이다.

2) 복사 열전달 특성

- **비접촉성** : 전도나 대류와 달리 물리적 접촉이나 유체의 매개가 없어도 열이 전달될 수 있다. 따라서 불꽃이 직접 닿지 않아도 상당한 거리에 있는 물체가 가열될 수 있다.
- **온도 의존성** : 복사량은 T^4에 비례하므로, 온도가 높을수록 복사열 비중이 다른 열전달 메커니즘에 비해 매우 커진다. 대형 화재나 고온 연소실에서는 복사가 주요 열전달 경로가 될 수 있다.
- **흡광 · 반사 특성** : 가연물이나 건축재의 표면 특성(색상, 반사율, 흡수율 등)에 따라 복사 에너지가 달라지므로, 소재 선택과 표면처리(코팅) 등을 통해 복사열 영향을 어느 정도 제어할 수 있다.

3) 연소공학에서의 복사 적용 사례

(1) **화염 복사**(fire radiation)

연소 중 생기는 불꽃(화염)은 고온에서 스스로 빛과 열을 방사한다. 화염 내부에는 CO_2, H_2O, 매연 입자(soot) 등 복사에 적극적으로 관여하는 인자가 존재하여, 대형 화재에서는 복사가 열전달의 대부분을 차지하기도 한다.

(2) **화재 전파**(fire propagation)

불이 붙은 대상에서 직접 불꽃이 닿지 않더라도, 복사열에 의해 인접 물체가 발화온도에 도달해 2차 화재로 번질 수 있다. 창문이나 개구부를 통해 옆 건물 벽면으로 화재가 확산되는 외부 연소에서도 복사가 큰 역할을 한다.

(3) **열복사 차폐**(thermal radiation protection)

복사열을 줄이기 위해 방사율이 낮은 소재(금속박, 세라믹 코팅 등)를 사용하는 방법이 있으며, 화력발전소나 산업용 가열로(furnace) 등에서도 내열 코팅, 반사판을 설치해 복사열 손실을 최소화한다.

2.2 열전달의 조합

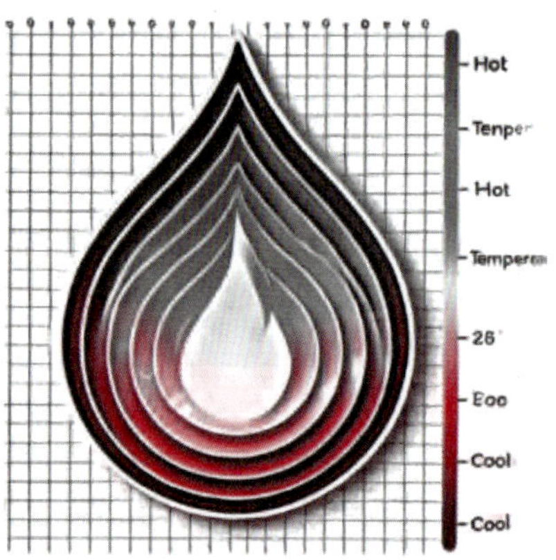

그림 3.2 화염 온도 분포

열전달의 세 가지 기전(전도, 대류, 복사)은 실제 연소 및 화재 상황에서 상호 작용하며 매우 복합적인 양상을 띤다. 특히 고온·고속 흐름과 화학반응이 결합된 연소공학 분야에서는 이러한 복합 열전달 모델링과 실험적 검증이 핵심 과제가 된다.

- **화재 시뮬레이션에서의 정확도 향상** : 복사 모델의 고도화, 난류 대류 모형(turbulent convection)의 개선, 재질별 열 물성 실측 데이터 확보 등
- **화재 동역학의 안정성·불안정성 분석** : 열전달이 국부 온도상승을 유도하면 다시 반응속도가 높아지

는 양방향 피드백이 발생

- **첨단 소재 · 구조로의 응용 :** 내화성 재료 설계, 초고온 환경에서 사용 가능한 코팅 기술, 복합 재료의 열전달 특성 연구 등

연소공학에서 열전달의 조합에 대한 이해는 화재 안전, 에너지 효율, 구조 설계 등 다방면에 걸쳐 핵심적인 역할을 하며, 정확한 해석과 예측을 위해서는 세 가지 열전달 방식이 어떻게 상호 영향을 주고받는지 종합적으로 접근해야 한다.

1. 연소공학에서 열전달의 복합 작용

1) 화재 현장에서의 복합 열전달

실제 화재 현장을 고려해 보면, 열전달은 세 가지 모드가 동시에 발생하는 복합 현상이다. 예를 들어, 건물 내부에서 불이 붙은 목재는 스스로 가열되어 전도로 내부가 탄화(charring)되면서 표면에서는 복사와 대류를 통해 열을 외부로 방출한다. 동시에, 위쪽으로 상승하는 화염과 연기는 대류적 효과를 크게 일으키며, 주변 구조물(천장, 벽)로 복사를 통해 열을 전달한다. 이러한 과정에서 열 손실과 열 축적이 복합적으로 작용하면서 실내 온도 분포나 화재 진전 속도가 정해진다.

2) 연소실 및 터빈 내부 열전달

연소공학적 응용 중 하나로, 가스터빈이나 보일러의 연소실 내부를 살펴보면, 고온 · 고압 환경에서 연소 가스가 빠른 유속으로 흐르기 때문에 대류 열전달의 영향이 매우 크다. 동시에, 고온 가스가 내뿜는 복사와 벽면 · 날개(블레이드)로의 전도 현상도 동시에 일어난다. 따라서 이들 요소를 함께 계산해야 열교환기나 냉각 설계를 최적화할 수 있다.

2. 복합 열전달 해석 및 모델링

1) 열전달 방정식과 경계 조건

열전달의 복합 해석을 위해서는 에너지 방정식에 전도, 대류, 복사 항을 모두 고려해야 한다. 예를 들어, 고체 벽을 통한 전도 모델과 벽 표면에서

유체로의 대류 및 복사 경계 조건을 동시 기술하는 형태가 대표적이다.

- 전도 항 : $k\nabla^2 T$ (Fourier 방정식)
- 대류 항 : $h(T_{surface} - T_{fluid})$ (뉴턴 냉각 법칙)
- 복사 항 : $\epsilon\sigma(T_{surface}^4 - T_{surroundings}^4)$ (Stefan-Boltzmann 법칙)

화재 시뮬레이션 소프트웨어(FDS, Fire Dynamics Simulator)나 CFD (Computational Fluid Dynamics) 코드를 사용하면, 유체의 유동 해석과 열전달 해석을 동시에 수행할 수 있으며, 복사 전송 방정식을 풀이하기 위해 반사율, 흡수율, 산란 등 복잡한 복사 특성까지 고려하기도 한다.

2) 비정상(transient) 해석

화재나 연소 현상은 시간이 지남에 따라 빠르게 온도와 화학종 농도가 변하므로, 비정상 해석이 필수적이다. 예를 들어 초기 발화 이후, 열이 주변으로 빠르게 전달되면서 온도가 상승해 2차 · 3차 발화가 일어나는 연쇄 현상을 분석하려면, 전도 · 대류 · 복사 방정식을 시간 의존적 형태로 풀어야 한다.

3. 연소공학에서 복합 열전달의 중요성

1) 화재 안전 설계(fire safety design)

건축물의 부재(beam, column, slab)나 내장재(wall finish)가 열에 노출되었을 때, 얼마만큼 빠르게 가열되고 어떤 시점에 강도 저하가 발생하는지 추정하려면, 전도 · 대류 · 복사가 동시에 고려된 열평형 해석이 필요하다.

스프링클러나 방화댐퍼 작동에 따른 환기 효과가 대류 열전달을 크게 바꿔놓을 수 있으며, 수증기나 연기가 배출되지 못하면 복사 열전달 증가에 의해 온도상승이 가속되는 등 상호 작용을 정량화해야 한다.

2) 연소기 및 엔진 효율 개선

보일러 튜브나 터빈 블레이드 표면의 냉각 · 열교환 효율은 대류 · 복사 등 복합 열전달 메커니즘에 의해 좌우되는데 이를 최적화함으로써 연료 소비량을 줄이고 열효율을 높일 수 있다.

화염 안정성(flame stability)이나 열부하(heat load)를 예측할 때, 복합 열전달 고려가 필수적이다.

3) 재료 손상 및 노화(degradation)

고온 환경에 노출된 재료(예 : 내화재, 코팅재)는 열전달로 인해 표면만이 아니라 내부까지 온도가 상승하여 열화(degradation) · 산화(oxidation) · 변색 등이 일어날 수 있다. 전도만 고려하면 부정확한 결과를 초래하기 쉽고, 실제로는 복사·대류도 무시할 수 없으므로, 재료 열적 안정성을 평가할 때 모두 고려해야 한다.

3 열방출

연소는 화학반응의 한 형태로, 연료와 산소의 반응을 통해 열과 빛을 방출하는 과정을 포함하고, 열 방출은 연소공학의 핵심 요소로, 연료의 종류, 연소 조건, 반응 메커니즘 등에 의해 결정된다.

열 방출은 연소공학에서 가장 중요한 연구 주제 중 하나로, 열 방출률, 화염 복사율, 연소효율은 시스템 설계 및 최적화에 핵심적인 역할을 한다. 연소 공정의 중요한 특성 중 하나는 열 방출인데 이는 단순히 온도가 올라가는 것에 그치지 않고, 화염 크기, 화재확산 속도, 연료 소비 속도 등 여러 인자에 영향을 주기 때문에 화재 안전이나 화재 공학에서 매우 중요한 요소로 다루어진다.[2)3)4)]

2) Drysdale, D. (2011). An Introduction to Fire Dynamics. Wiley.

3) SFPE(Society of Fire Protection Engineers). (2016). SFPE Handbook of Fire Protection Engineering. Springer.

4) Turns, S. R. (2000). An Introduction to Combustion: Concepts and Applications. McGraw-Hill.

3.1 열 방출률(HRR, Heat Release Rate)

1. 열 방출의 기본 원리

열 방출은 연소 과정에서 발생하는 화학결합의 변화에서 비롯된다. 연료 분자의 결합 에너지는 연소 과정에서 산소와 반응하면서 더 안정적인 생성물(예 CO_2, H_2O)을 형성하게 된다. 이 과정에서 에너지 차이가 열로 방출된다.

표 3.1 다양한 연료의 발열량 및 열방출율

연료 종류	발열량 (kJ/g)	열방출율 (kW)	특징
메테인	50.0	1,000	깨끗한 연소, 가스 연료
프로페인	46.3	1,200	휴대용 연료로 사용됨
휘발유	~44.0	1,500	인화점 낮아 취급 위험
경유	~42.5	1,400	차량 및 산업용 연료

1) 화학반응식과 반응 엔탈피

연소의 대표적인 화학반응식은 다음과 같다.

$$CH_4 + 2O_2 \rightarrow CO_2 + 2H_2O \quad (\Delta H < 0)$$

여기서 ΔH는 반응 엔탈피로, 반응이 방출하는 총에너지를 의미한다. 이 값은 연료의 발열량으로 표현되며, 단위는 주로 kJ/mol 또는 MJ/kg으로 나타낸다.

2) 발열량(heating value)

발열량은 연료가 완전히 연소할 때 방출하는 열의 양을 나타낸다. 발열량은 상한 발열량과 하한 발열량으로 나뉜다.

- 상한 발열량(HHV) : 생성물의 물이 액체 상태로 응축될 때 방출되는 에너지를 포함
- 하한 발열량(LHV) : 물이 기체 상태로 남아 있을 때의 에너지

연료의 발열량은 연료의 조성, 특히 탄소, 수소, 산소 함량에 따라 결정된다.

2. 열 방출률

열 방출률은 연소 공정에서 단위 시간당 방출되는 열의 양을 나타내며, 시스템의 성능 및 안전성을 평가하는 데 중요한 지표이다. 열 방출률은 다음과 같은 방식으로 계산된다.

$$HRR = \dot{m} \cdot \Delta H_c \tag{3.9}$$

여기서 HRR은 열 방출률(W), $\dot{m}$은 연료의 연소율(kg/s), ΔH_c는 연료의 발열량(kJ/kg)이다. 열 방출률은 화염의 크기, 연소효율, 시스템 설계와 직접적으로 연관되며, 다양한 실험 및 모델링 기법을 통해 측정 및 예측된다.

1) 실험적 측정

열 방출률은 열량계 또는 열 유속 센서를 사용하여 실험적으로 측정할 수 있다. 특히, 폭발열량계를 이용하여 연료의 발열 특성을 분석하거나, 화염 분석 장비를 통해 화염에서의 열 방출률을 직접 측정한다.

2) 수치 해석

컴퓨터 시뮬레이션(CFD)을 활용하여 열 방출률을 예측할 수 있다. 연소 모델과 화학반응 메커니즘을 기반으로 한 수치 해석은 복잡한 연소 공정을 정확히 모사하는 데 사용된다.

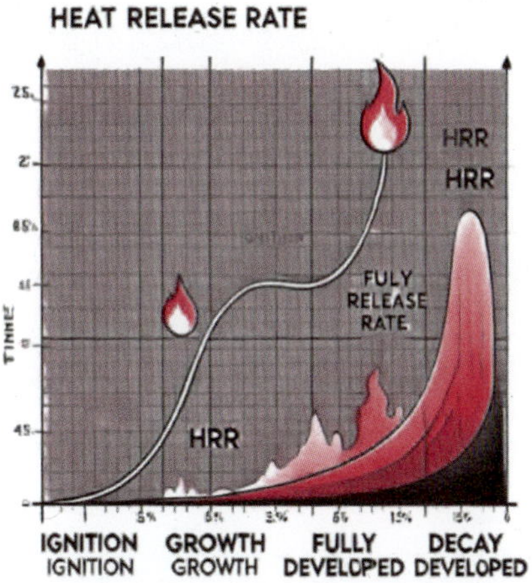

그림 3.3 열방출율(HRR)의 시간에 따른 변화 그래프

3.2 화염 복사율(flame radiation)

화염 복사율은 연소 과정에서 방출되는 열복사의 비율을 의미하며, 고온의 화염에서 중요한 열전달 메커니즘으로 작용한다. 화염 복사는 주로 다음 요인에 의해 결정된다.

1. 화학종의 복사 특성

연소생성물인 CO_2와 H_2O는 강한 복사 흡수 및 방출 특성을 가지며, 이들의 농도와 분포는 화염 복사율에 직접적인 영향을 미친다.

2. 화염 온도

복사율은 화염의 온도에 강하게 의존하며, Stefan-Boltzmann 법칙에 따라 온도의 4제곱에 비례한다.

$$q_{rad} = \epsilon\sigma T^4 \tag{3.10}$$

여기서 q_{rad}는 복사열 유속(W/m^2), ϵ은 방사율, σ는 Stefan-Boltzmann 상수(5.67×10^{-8} W/m$^2\cdot$K^4), T는 화염 온도(K)이다.

3. 화염 복사율의 제어

화염 복사율은 연소 환경에서의 열 손실과 시스템 효율에 영향을 미치고 이를 제어하기 위해 복사 방사율을 낮추는 첨가제 사용, 화염온도 조절, 또는 적외선 차단 기술이 활용된다.

3.3 열 방출과 연소효율

연소효율은 연료에서 발생할 수 있는 총에너지 중 실제로 유용하게 사용되는 에너지의 비율을 의미하며, 열 방출 특성과 연소효율은 밀접한 관계가 있다.

1. 연소효율 정의

연소효율은 다음 식으로 정의된다.

$$\eta = \frac{LHV}{HHV} \times 100(\%) \tag{3.11}$$

여기서 유용한 에너지 출력은 주로 열, 동력 또는 전기 형태로 나타난다. 총에너지 입력은 연료의 상한 발열량(HHV) 또는 하한 발열량(LHV)에 기반한다.

2. 불완전연소와 손실

불완전연소는 연소효율을 저하시키는 주요 요인이다. CO, 탄화수소, 매연 입자 등의 생성은 에너지 손실을 초래하므로 이를 줄이기 위해 적절한 공기-연료비 유지, 연소기 설계 개선, 촉매 사용 등이 필요하다.

3. 효율 개선 방법

연소효율을 개선하기 위해 다음과 같은 전략이 사용된다.

- 연소온도를 최적화하여 완전연소를 유도
- 첨단 연소 기술(예 저온 연소, 층류화염 등)을 도입
- 잉여 공기비 조정 및 연소기 내부 유동 제어

CHAPTER 04

화재

1. 화재의 개요
2. 출화
3. 화재 성장 및 화염 확산
4. 화재 플룸
5. 실내 화재
6. 소화의 원리와 방법

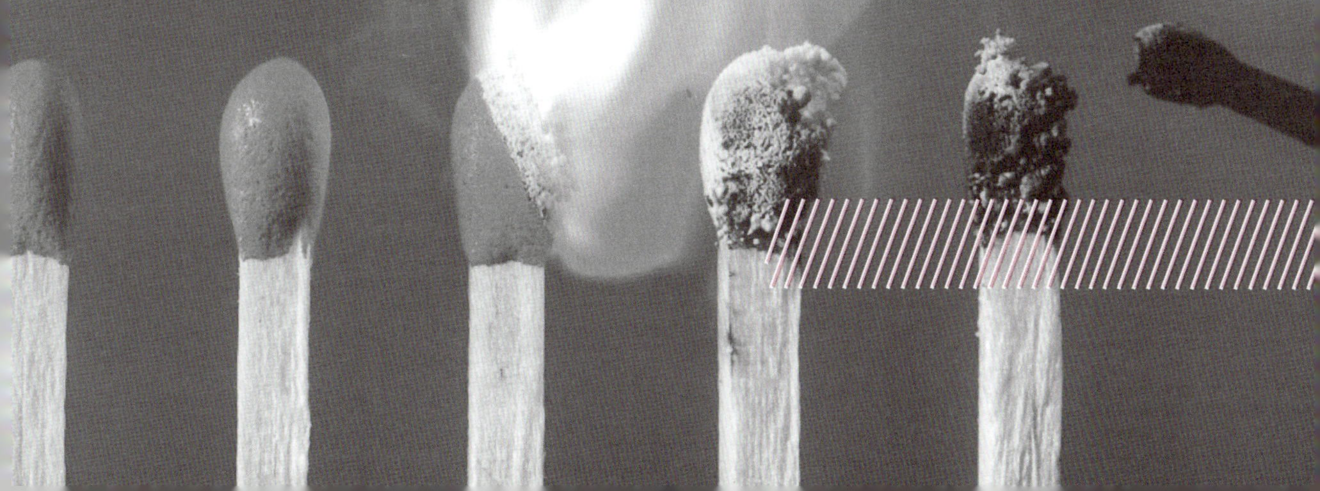

CHAPTER 04

화재

학습목표

- 화재 현상의 기본 개념과 원리를 이해한다.
- 출화 메커니즘을 파악하여 화재 발생 과정을 심층적으로 분석한다.
- 화재 성장, 화염 확산, 화재 플룸 등 핵심 화재 동역학을 습득한다.
- 소화 이론과 화재 안전 · 예방 대책을 종합적으로 학습하여 실무에 적용한다.

1 화재의 개요[1)2)3)4)5)]

1.1 화재의 정의

화재는 '통제 불가능하게 확산되어 인명 · 재산 · 환경에 피해를 유발하는 연소 현상'을 의미한다. 통상적으로 연소는 가연물(연료), 산소, 열(에너지)의 세 가지 조건이 동시에 충족될 때 일어나지만, 이것이 우발적 혹은 의도치 않은 시점과 장소에서 일어나 주변으로 확산될 때 우리는 이를 **'화재(fire)'**라고 부른다. 화염, 열, 연기, 유독가스 등이 급속도로 확대되어 짧은 시간에 광범위한 파괴력을 갖기에, 화재는 인류가 극도로 경계해야 하는 재난 중 하나이다.

1. 화재와 단순 연소의 차이

- **계획된 연소(제어된 연소)** : 보일러, 난로, 난방기 등 설계에 의해 안전하게 사용되는 불

1) Drysdale, D. (2016). An Introduction to Fire Dynamics (3rd ed.). Wiley.
2) Karlsson, B., & Quintiere, J. G. (2000). Enclosure Fire Dynamics. CRC Press.
3) National Fire Protection Association (NFPA). (2018). NFPA 921: Guide for Fire and Explosion Investigations. NFPA.
4) 소방청 (2020). "화재 통계 및 안전 지침." 소방청.
5) Society of Fire Protection Engineers (SFPE). (2016). SFPE Handbook of Fire Protection Engineering (5th ed.). SFPE.

- **비계획적 연소(화재)** : 전기 스파크나 부주의로 예상치 못한 곳에 불이 붙어 주변을 태움

연소 현상 자체는 에너지 사용에 필수적이며, 인류 문명의 발전과 직결되어 왔다. 그러나 통제 밖의 연소, 즉 화재가 발생하면 인명사고, 재산 손실은 물론이고 대규모 환경 파괴로 이어질 수 있다.

2. 화재 공학(fire engineering)의 필요성

화재 공학은 화재 발생 원리와 성상을 과학적으로 해석하고, 이를 기반으로 화재 예방, 안전 설계, 소화 · 진압, 피난 계획 등을 체계화하는 학문이다. 현대의 복잡한 건축 환경과 산업 현장에서 화재 공학은 필수적인 역할을 담당한다.

1.2 화재의 원인

화재는 자연적 · 인위적 요인에 의해 발생하며, 이 두 가지가 복합적으로 작용하기도 한다. 현대 사회에서 전기적 요인과 부주의가 매우 큰 비중을 차지하지만, 기계적 결함이나 의도적 방화, 드문 경우이지만 자연발화나 낙뢰도 여전히 무시할 수 없다.

1. 자연적 원인

1) 낙뢰

- 수백만 볼트의 전기에너지가 지표면으로 내려치면서 불꽃이 일어날 수 있다.
- 산림 지역에서 번개에 의해 대형 산불이 발생하기도 한다.

2) 자연 발화

- 석탄 더미, 퇴비, 목재 부스러기 등에 내부 산화 · 발효 열이 축적되어 발화점에 도달
- 기름걸레 더미의 식물성 기름 산화, 볏짚의 발효 열도 흔한 사례이다.

3) 화산 활동

- 용암 분출로 인근 식생이 자연 발화되어 산불로 이어짐
- 지열 현상(간헐천, 열수분출 등)으로 온도가 높아져 부근의 가연성 물질에 불이 붙기도 한다.

2. 인위적 원인

1) 전기적 결함

- 전선의 절연 파괴, 합선, 과부하, 접촉 불량, 정전기 등
- 현대 사회에서 전기 사용이 급격히 늘어 전기적 화재 비중이 커졌다.

2) 부주의

- 담배꽁초 방치, 취사 중 화구 관리 소홀, 촛불 · 난로 주변 가연물 방치 등
- 일상에서 가장 흔한 화재 원인으로 지목되며, 대부분 사람이 충분히 예방 가능하다는 점에서 더욱 안타깝다.

3) 기계적 결함

- 마찰열(베어링, 축), 엔진 과열, 오일 누출 등
- 산업 현장에서는 유지보수 불량이나 설비 노후화로 화재가 발생하기도 한다.

4) 방화

- 고의적으로 불을 지르는 행위이며, 법적으로 중대 범죄에 속한다.
- 보험금 사기, 재산 파괴, 원한 관계 등 다양한 동기가 있을 수 있다.

3. 복합 요인 및 통계

- **부주의 + 전기적 요인** : 예컨대 전열 기구를 장시간 켜 놓은 채 자리를 비움 → 과열 + 주변 가연물 착화
- **자연 발화 + 산업 현장** : 공장 내부에 쌓인 분진이 고온에 노출 → 미세한 발열반응 축적 → 최종 발화

1.3 화재의 분류

국내에서 일반적으로 적용되는 화재 분류는 A, B, C, D, K급이다. 이를 통해 해당 화재 유형에 맞는 소화약제와 대책을 선택할 수 있다.

1. A급 화재

- 고체 가연물(목재, 종이, 섬유, 플라스틱 등)
- 물 소화가 효과적이며, 다량의 물을 이용한 냉각 진화가 가능하다.

2. B급 화재

- 유류 화재(휘발유, 경유, 알코올 등) 및 가연성 액체
- 폼 소화약제나 분말 소화약제 사용이 권장되며, 물을 직접 뿌리면 연료가 확산되어 오히려 위험할 수 있다.

3. C급 화재

- 전기적 요인(전기기기, 배선, 콘센트 등)
- 전원을 차단 후 진압해야 하며, 물 사용에 주의가 필요하다(감전 위험).

4. D급 화재

- 금속 화재(마그네슘, 알루미늄, 타이타늄 등)
- 일반 소화약제로는 진화가 어렵고, 금속용 특수 소화약제 사용이 필수이다.

5. K급 화재

- 주방 화재(식용유, 동물성 기름 등)
- 주방용 K급 소화약제(비누화 작용)나 소화포, 덮개 등을 사용한다.

이외에도 지역·국가별로 분류 기준이 조금씩 다르며, 유럽(EN)이나 국제 표준(ISO)은 A, B, C, D, E, F 등으로 명명하기도 한다. 그러나 기본 개념은 '연료 특성에 따른 화재 유형 구분'이라는 공통점이 있다.

1.4 화재의 영향

화재로 인한 피해는 인명, 재산, 환경, 사회 등 전 영역에 걸쳐 발생한다.

1. 인명 피해

- 화염에 직접 노출되어 발생하는 화상
- 유독가스(CO, HCN 등) 흡입으로 인한 질식과 중독
- 대형 건물 화재에서 폭열, 붕괴 위험도 크다.

2. 재산 · 경제적 피해

- 건물, 장비, 재고품 등 물적 손실
- 산업 시설의 경우 생산 중단, 복구 공사 비용이 막대해지며, 지역경제 타격으로 이어진다.

3. 환경적 피해

- 대기 오염(미세먼지, CO_2, NOx 등), 수질 · 토양오염(소화수로 인한 오염물질 유출)
- 산림 화재는 생태계 교란과 토양 침식으로 장기적 손실이 크다.

4. 사회적 혼란

- 도시 기반 시설(도로, 전력, 통신 등) 마비, 대중 불안 확산
- 화재로 인한 여파가 관광 · 상업 등에 미치는 장기적 영향도 심각하다.

화재의 다면적 위험성 때문에 국가 차원에서 소방 안전 규정과 정책, 건축법과 위험물안전관리법 등을 지속적으로 강화 · 보완하고 있다.

2 출화[6)7)8)9)10)]

2.1 출화의 정의와 개념

출화는 가연물, 산소(공기), 열(발화에너지)이 적절한 조건에서 만나 불꽃이 최초로 발생하는 순간을 의미한다. 이는 연소 과정의 시작점으로, 작은 불씨가 큰 화재로 이어질 수 있기 때문에 매우 중요하다. 이 현상은 종종 발화(ignition)라는 용어와 혼용되지만, 출화는 불이 '나오는' 전체 과정을 포괄하는 더 넓은 개념이다. 즉, 출화는 가연물이 열원에 의해 가열되고, 화학반응이 진행되어 불꽃이 생성되는 모든 단계를 포함한다.

출화의 메커니즘을 이해함으로써 화재의 원인을 파악하고, 효과적인 예방 조치를 취하며, 화재 대응 능력을 향상시킬 수 있다.

1. 출화와 착화의 차이점

- 출화 : 불이 발생하는 전체 과정을 의미하며, 가연물이 열원에 노출되고, 열분해를 거쳐 가연성 기체를 방출하며, 결국 불꽃이 나타나기까지의 모든 현상을 포함한다. 이는 가연물 주변의 환경 조건, 에너지 전달 과정, 화학반응의 진행 등 복합적인 요소를 모두 고려한다. 즉, 출화는 화재 발생의 시작부터 초기 연소 단계까지의 전반적인 과정을 포괄한다.
- 착화(ignition) : 열원과 가연물이 직접 접촉하여 화학반응이 시작되고, 실제로 화염이 형성되는 특정 지점을 말한다. 이는 출화 과정의 한 부분으로, 불꽃이 처음으로 나타나는 순간에 해당한다. 착화는 에너지 공급과 화학반응의 개시라는 미시적인 현상에 초점을 맞추며, 출화의 결정적인 순간이다.

---

6) Drysdale, D. (2016). An Introduction to Fire Dynamics (3rd ed.). Wiley.

7) Karlsson, B., & Quintiere, J. G. (2000). Enclosure Fire Dynamics. CRC Press.

8) National Fire Protection Association (NFPA). (2018). NFPA 921: Guide for Fire and Explosion Investigations. NFPA.

9) 소방청 (2020). "화재 통계 및 안전 지침." 소방청.

10) Society of Fire Protection Engineers (SFPE). (2016). SFPE Handbook of Fire Protection Engineering (5th ed.). SFPE.

2. 출화의 유형

출화는 발생 방법과 조건에 따라 여러 가지로 분류될 수 있다. 출화의 유형을 이해하면 다양한 상황에서의 화재위험을 예측하고 예방할 수 있다.

1) 자연 출화(spontaneous ignition)

- **정의** : 외부의 명확한 열원이나 점화원 없이, 가연물 자체의 화학적 또는 생물학적 반응으로 인해 스스로 발열하여 발화점에 도달하여 출화되는 현상이다.
- **예시** : 석탄이나 건초 더미에서의 산화열 축적, 식물성 기름에 적신 헝겊의 발열 등
- **특징** : 느린 속도로 발열이 진행되며, 통풍이 불량한 환경에서 발생하기 쉽다.

2) 인위적 출화(piloted ignition)

- **정의** : 외부의 명확한 열원이나 점화원(불꽃, 스파크, 고온의 표면 등)에 의해 가연물이 발화점에 도달하여 출화되는 현상이다.
- **예시** : 성냥불로 종이를 태우는 경우, 전기 스파크에 의한 가스 폭발 등
- **특징** : 에너지 공급이 순간적이거나 지속적으로 발생하며, 열원의 종류와 강도에 따라 출화 시간이 달라진다.

3) 압축 출화(compression ignition)

- **정의** : 가연성 혼합물이 압축에 의해 온도가 상승하여 발화점에 도달하여 출화되는 현상이다.
- **예시** : 디젤 엔진에서 연료-공기 혼합물이 압축되어 스스로 점화되는 과정
- **특징** : 기체의 급격한 압축으로 인한 온도상승이 출화의 원인이 된다.

4) 전기적 출화(electrical ignition)

- **정의** : 전기 에너지에 의해 발생한 열이나 스파크로 인해 출화되는 현상이다.
- **예시** : 누전으로 인한 전선 과열, 전기 스위치에서의 아크 발생 등
- **특징** : 고에너지의 전기 방전이나 과전류로 인한 열축적이 출화의 원인이 된다.

5) 마찰 출화(frictional ignition)

- **정의** : 두 물체의 마찰로 인해 발생한 열이 가연물을 발화점까지 가열하여 출화되는 현상이다.
- **예시** : 기계 부품의 마모로 인한 과열, 브레이크 패드의 과도한 사용 등
- **특징** : 지속적인 마찰로 열이 축적되며, 윤활 부족이나 부품 이상으로 발생할 수 있다.

이와 같이 출화의 유형은 다양하며, 각 유형에 따른 화재 예방 대책이 필요하다. 예를 들어, 자연 출화를 방지하기 위해서는 가연물의 적절한 저장 조건을 유지하고, 통풍을 원활하게 하며, 인위적 출화를 막기 위해서는 열원 관리와 점화원 제거가 중요하다.

2.2 출화 에너지 및 조건

출화가 발생하려면 특정한 에너지와 조건이 필요하다. 이는 물질의 특성과 환경에 따라 다양하게 나타나며, 주요 요소로는 발화점, 인화점, 폭발한계, 그리고 환경 요소가 있다.

1. 발화점(ignition temperature)

- **정의** : 물질이 외부의 점화원 없이 자가 연소를 시작하는 최저온도를 말한다.
- **예시** : ① 종이 : 약 230℃
  ② 목재 : 약 250~350℃
  ③ 휘발유 증기 : 약 280~300℃
- 발화점은 물질마다 크게 다르며, 이는 화재위험성을 평가하는 중요한 지표이다.

2. 인화점(flash point)

- **정의** : 액체 연료 표면에서 증기가 발생하여 공기와 혼합되어 착화가 가능한 최저온도이다.
- **예시** : ① 휘발유 : 약 -40℃로 매우 낮아 작은 열원에도 쉽게 인화될 수

있다.

② 경유 : 약 52℃로 휘발유보다 인화 위험이 낮다.

- 인화점은 연료의 취급 및 저장 시 안전 조치 결정에 중요한 역할을 한다.

3. 폭발한계(explosive limits)

- **정의** : 가연성 가스나 증기가 공기 중에서 연소를 일으킬 수 있는 농도 범위를 의미한다.
- **예시** : 메테인(CH_4)은 약 5~15 vol %의 농도 범위에서 폭발성 혼합기체를 형성한다.
- 이 범위를 벗어나면 폭발이 일어나지 않으며, 이는 가스 누출 시 환기의 중요성을 강조한다.

4. 환경 요소

- **습도** : 공기가 건조할수록 출화 에너지가 낮아져 작은 열원에도 불이 붙기 쉬워진다. 이는 계절에 따른 화재 발생률과도 연관이 있다.
- **산소농도** : 일반적인 대기 중 산소농도는 약 21%로, 출화에 충분한 수준이다. 그러나 고산지대나 밀폐된 공간에서는 산소 부족으로 발화 온도가 변동할 수 있다.

환경 조건은 출화의 용이성에 큰 영향을 미치며, 이는 화재 예방 및 안전관리에서 고려해야 할 중요한 요소이다.

2.3 출화원과 메커니즘

출화는 에너지 공급원에 의해 촉발되며, 이러한 출화원은 다양한 형태로 존재한다. 출화 메커니즘을 이해하는 것은 화재 예방과 원인 분석에 핵심적이다.

1. 출화원 유형

1) 전기적 출화원

- **예시** : 합선, 누전, 정전기 발생, 스위치 스파크

- **설명** : 전기 설비의 노후화나 부적절한 사용으로 인한 스파크는 가연물에 쉽게 불을 붙일 수 있다.

2) 기계적 출화원

- **예시** : 마찰열(기계 회전부 과열), 충격열, 고온의 표면(히터, 엔진)
- **설명** : 기계 장치의 과도한 사용이나 유지보수 부족으로 열이 발생하여 출화의 원인이 된다.

3) 화학적 · 자연적 출화원

- **예시** : 자발 발화(석탄 더미의 산화열, 유기물의 발효열), 낙뢰
- **설명** : 특정 물질의 화학반응이나 자연 현상으로 인한 열 축적은 외부 점화원 없이도 출화를 일으킬 수 있다.

2. 출화 메커니즘

출화는 여러 단계의 메커니즘을 통해 발생하며, 이는 다음과 같다.

1) 에너지 전달

- **열에너지** : 열원이 가연물 표면으로 열을 전달하여 온도를 높인다(전도, 대류, 복사).
- **전기에너지** : 전기적 방전이나 스파크가 발생하여 에너지를 제공한다.

2) 온도상승

- 가연물 표면의 온도가 발화점 이상으로 상승하면 연소반응이 시작될 수 있다.
- 온도의 상승은 물질의 열분해를 촉진한다.

3) 가연성 기체 발생

- **고체 연료** : 열분해 과정을 통해 가연성 기체를 방출한다(예 목재의 연기).
- **액체 연료** : 증발하여 가연성 증기를 생성한다(예 휘발유 증기).

4) 화학반응 개시

- 방출된 가연성 기체가 산소와 결합하여 불꽃이 생성된다.
- 이 불꽃은 주변의 연료로 확산되어 화재로 발전한다.

2.4 출화 영향 요인

출화에는 다양한 요인이 영향을 미치며, 이를 이해하면 화재위험성을 줄일 수 있다.

1. 연료 형태

1) 고체 연료

- **특징** : 열분해 과정을 통해 가연성 기체를 생성하며, 표면적이 클수록 출화가 용이하다.
- **예시** : 톱밥, 종이 조각 등은 작은 열원에도 빠르게 불이 붙는다.

2) 액체 연료

- **특징** : 증발하여 가연성 증기를 만들며, 인화점이 낮을수록 위험성이 높다.
- **예시** : 알코올, 휘발유는 저온에서도 증발하여 출화를 일으킬 수 있다.

3) 가스 연료

- **특징** : 공기와 직접 혼합되어 착화되며, 누출 시 폭발 위험이 있다.
- **예시** : 프로페인 가스, 메테인 가스 등은 작은 스파크에도 폭발할 수 있다.

2. 환기 상태

1) 산소 공급의 영향

- **충분한 산소** : 연소반응이 활발하게 진행되며, 출화 후 빠르게 화재로 확대된다.
- **산소 부족** : 불완전연소로 인해 일산화탄소 등 유해 가스가 생성되고, 이는 폭발 위험을 높인다.

2) 밀폐 공간

- 산소농도가 낮아 출화 지연이 발생할 수 있지만, 누적된 가연성 가스는 순간적인 폭발을 일으킬 수 있다.

3. 온 · 습도와 풍속

1) 온도와 습도

- **건조하고 높은 온도** : 출화 에너지를 낮춰 작은 열원에도 불이 붙기 쉽게 만든다.
- **습도가 높을 때** : 가연물의 수분 함유량이 늘어나 출화가 어렵다.

2) 풍속

- **강한 바람** : 불씨를 먼 거리까지 운반하여 2차, 3차 화재를 유발할 수 있다.
- **공기 유동** : 산소 공급을 늘려 연소속도를 증가시킨다.

4. 건물 구조와 재료

1) 내장재의 특성

- **방염 처리 재료** : 출화 시간이 늦어지고, 초기 화재확산을 지연시킨다.
- **합성수지 마감재** : 상대적으로 낮은 온도에서 착화되며, 유독가스를 발생시킬 수 있다.

2) 구조적 요인

- **단열재의 종류** : 일부 단열재는 열을 축적하여 출화 위험을 높일 수 있다.
- **건축 구조** : 복잡한 구조는 열과 연기의 이동을 촉진하거나 방해할 수 있다.

출화를 사전에 방지하기 위해서는 출화원을 제거하고, 가연물의 관리를 철저히 해야 한다. 구체적인 방안은 다음과 같다.

1) 출화원 관리

- **전기 설비 점검** : 정기적인 검사로 누전이나 합선 위험을 줄인다.
- **열원 통제** : 히터나 난로 등의 사용 시 안전거리를 확보한다.
- **기계 장비 유지보수** : 과열을 방지하도록 정기적인 점검과 윤활을 실시한다.

2) 가연물 관리

- **불연 · 난연재료 사용** : 건축 자재와 내부 마감재에 방염 처리를 적용한다.
- **가연성 물질 보관** : 연료나 화학물질은 적절한 용기에 보관하고, 사용 후 즉시 폐기한다.

3) 환경 통제

- 습도 유지 : 가습기를 사용하여 실내 습도를 적정 수준으로 유지한다.
- 청결 유지 : 먼지와 쓰레기를 제거하여 불씨의 착화물을 줄인다.
- 환기 관리 : 공기의 순환을 원활하게 하여 가연성 가스의 축적을 방지한다.

이러한 예방 조치는 화재 발생의 원천을 차단하고, 만약의 경우에도 피해를 최소화하는 데 크게 기여한다.

3 화재 성장 및 화염 확산[11)12)13)14)15)]

3.1 화재 성장 단계

화재는 일반적으로 초기(ignition) 단계에서 시작하여 성장(growth), 완전 발달(fully developed) 단계를 거쳐 쇠퇴(decay) 단계로 이어진다. 각 단계는 화재의 특성과 위험성이 크게 달라지며, 이를 이해하면 효과적인 대응과 예방이 가능하다.

1. 초기(ignition)

1) 특징

불꽃이 막 생긴 시점으로, 연소 범위가 매우 작다. 이 단계에서는 열원과 가연물이 만나 첫 불꽃이 발생하며, 화재의 시작점이 된다.

2) 위험성

가연물이 한정되어 있으면 빠른 조기 진화가 가능하지만, 초기 대응을 놓

11) Drysdale, D. (2016). An Introduction to Fire Dynamics (3rd ed.). Wiley.

12) Karlsson, B., & Quintiere, J. G. (2000). Enclosure Fire Dynamics. CRC Press.

13) National Fire Protection Association (NFPA). (2018). NFPA 921: Guide for Fire and Explosion Investigations. NFPA.

14) 소방청 (2020). "화재 통계 및 안전 지침." 소방청.

15) Society of Fire Protection Engineers (SFPE). (2016). SFPE Handbook of Fire Protection Engineering (5th ed.). SFPE.

치면 화재가 급속히 확산될 수 있다.

3) 대응 방법

- **신속한 발견** : 연기 감지기나 화재 경보 시스템을 통해 초기 화재를 신속히 감지한다.
- **즉각적인 소화** : 소화기나 간이 소화 장비로 불꽃을 바로 진압한다.
- **대피 준비** : 상황에 따라 인원 대피를 준비하며, 비상구와 탈출 경로를 확보한다.

2. 성장(growth)

1) 특징

열 방출률이 급증하며, 천장 부근에 뜨거운 연기층이 형성된다. 이에 따라 실내 온도가 빠르게 상승하고, 플래시오버(flashover)의 위험이 증가한다.

2) 연소확산

주변 가연물이 빠르게 가열되어 2차, 3차 착화가 시작되며, 화재 영역이 확대된다.

3) 현상

- **열 기둥 형성** : 뜨거운 공기가 위로 상승하여 열 기둥을 형성하고, 천장면을 따라 열이 수평으로 확산된다.
- **연기 증가** : 유독가스를 포함한 연기의 양이 많아져 시야가 제한되고 호흡이 어려워진다.

4) 대응 방법

- **소방대 출동** : 전문 소방 인력이 현장에 도착하여 진압 작업을 시작한다.
- **환기 조절** : 연기와 열의 배출을 위해 적절한 환기를 실시하되, 백드래프트 위험을 고려한다.
- **방화구획 활용** : 방화문과 차단벽을 이용하여 화재의 수평 · 수직 확산을 방지한다.

3. 완전 발달(fully developed)

1) 특징

화재가 공간 전체를 지배하며, 온도가 수백~천 도 이상으로 상승한다. 이 단계에서는 연료와 산소가 충분하여 최대의 열 방출을 보인다.

2) 위험성

- **구조 손상** : 고온으로 인해 건축구조물이 약화되어 붕괴 위험이 있다.
- **소방 진입의 어려움** : 화염과 열기, 연기로 인해 소방대의 내부 진입이 매우 어렵다.
- **인명 피해** : 내부에 남아 있는 인원이 있다면 생존 가능성이 극히 낮아진다.

3) 현상

- **화염 분출** : 창문이나 문 틈새로 화염이 밖으로 분출되기도 한다.
- **폭발 위험** : 내부 압력 증가로 인해 폭발적인 현상이 발생할 수 있다.

4) 대응 방법

- **외부 진압** : 건물 외부에서 높은 수압의 살수를 통해 열을 낮추고 연소를 억제한다.
- **냉각 작업** : 주변 건물로의 화재확산을 막기 위해 인접 구조물을 냉각시킨다.
- **안전거리 확보** : 구조대와 인원의 안전을 위해 충분한 거리를 유지한다.

4. 쇠퇴(decay)

1) 특징

연료 소진 또는 산소 고갈로 열 방출률이 감소하며, 화재가 서서히 약해진다. 그러나 완전히 진압된 것은 아니므로 주의가 필요하다.

2) 위험성

- **잔불** : 잔해 속에 숨은 불씨가 남아 있어 재발화 가능성이 있다.
- **구조 불안정** : 열로 인해 약해진 구조물이 급작스럽게 붕괴될 수 있다.

3) 대응 방법

- **잔불 정리** : 불씨가 남아 있는지 철저히 확인하고 제거한다.
- **안전 확인** : 건물의 구조적 안전성을 점검하고, 추가 위험 요소를 파악한다.
- **환기 및 배연** : 연기와 유독가스를 완전히 배출하여 환경을 안전하게 만든다.

화재의 각 단계는 시간에 따라 순차적으로 진행되지만, 연료의 종류, 주변 환경, 초기 대응 등에 따라 그 진행 속도와 양상이 크게 달라질 수 있다. 따라서 화재의 특성을 이해하고 적절한 대응 전략을 수립하는 것이 중요하다.

3.2 화염 확산 메커니즘

화염은 전도(conduction), 대류(convection), 복사(radiation) 세 가지 열전달 기작을 통해 주변으로 확산된다. 이들 메커니즘은 동시에 작용하여 화재의 규모와 속도에 영향을 미친다.

1. 전도(conduction)

1) 정의

- 고체 물질을 따라 열에너지가 이동하는 방식이다. 분자 간의 직접적인 에너지 전달로 인해 열이 퍼져나간다.

2) 특징

- **금속 구조물** : 전도율이 높은 금속은 열을 빠르게 전달하여 원치 않는 곳까지 화재를 확산시킬 수 있다.
- **벽체와 바닥** : 벽돌이나 콘크리트도 열을 전도하며, 시간이 지남에 따라 반대편 표면의 온도가 상승한다.

3) 예시

- 철재 기둥이 가열되어 인접한 층으로 열이 전달되는 경우
- 배관 시스템을 통해 열이 이동하여 다른 구역에 영향을 미치는 경우

4) 대응 방안

- **단열재 사용** : 열전도를 차단하기 위해 불연성 단열재를 적용한다.
- **방화 차단구 설치** : 열이 이동하는 경로를 물리적으로 차단하여 확산을 막는다.

2. 대류(convection)

1) 정의

- 공기나 가스와 같은 유체가 이동하면서 열을 전달하는 방식이다. 뜨거운 공기는 상승하고 차가운 공기는 하강하는 성질을 이용한다.

2) 특징

- **화재 플룸(fire plume)** : 연소 시 발생한 뜨거운 공기가 빠르게 위로 상승하여 열과 연기를 운반한다.
- **천장 확산** : 상승한 열이 천장에 부딪혀 수평으로 퍼지며, 주변 가연물을 가열한다.

3) 예시

- 계단실이나 엘리베이터 샤프트를 통해 열과 연기가 상부로 이동하는 경우
- 개방형 공간에서 뜨거운 공기가 큰 규모로 순환하며 화재를 확산시키는 경우

4) 대응 방안

- **방화구획 설정** : 화재확산을 막기 위해 공간을 구획화하고 문을 닫는다.
- **연기 제어 시스템** : 연기의 이동을 통제하여 열과 독성 가스의 확산을 제한한다.

3. 복사(radiation)

1) 정의

- 고온의 물체나 화염이 전자기파 형태로 열에너지를 방출하여 주변 물체를 가열하는 방식이다.

2) 특징

- **거리의 영향** : 열복사는 거리의 제곱에 반비례하여 감소하지만, 대형 화재에서는 먼 거리에도 영향을 미친다.
- **직선 경로** : 복사열은 직선으로 전달되며, 중간에 장애물이 있으면 차단된다.

3) 예시

- 인접 건물의 외벽이 복사열로 인해 가열되어 착화되는 경우
- 유리창 너머의 가구가 복사열로 발화하는 경우

4) 대응 방안

- **방화벽 설치** : 복사열을 차단할 수 있는 불연성 벽체를 사용한다.
- **안전거리 유지** : 화재 현장 주변에 충분한 공간을 확보하여 복사열 영향을 최소화한다.

이 세 가지 열전달 메커니즘은 상호 보완적으로 작용하여 화재를 다양한 방식으로 확산시킨다. 화재 안전 설계에서는 이를 고려하여 적절한 방호 조치를 강구해야 한다.

3.3 연료의 종류와 연소 특성

연료는 고체, 액체, 기체로 구분할 수 있으며, 각각 고유한 연소 특성을 보인다. 연료의 특성을 이해하면 화재의 진행 양상을 예측하고 효과적인 소화 전략을 수립할 수 있다.

1. 고체 연료

1) 특징

- 열분해 과정을 거쳐 가연성 가스를 생성하며, 이 가스가 공기와 혼합되어 불꽃을 형성한다.
- 표면연소와 심부 연소로 구분되며, 재료의 구조와 밀도에 따라 연소속도가 다르다.

2) 예시

- 목재 : 셀룰로오스와 리그닌의 열분해로 가연성 기체를 방출한다.
- 종이 : 얇고 표면적이 넓어 빠르게 착화되고 연소한다.
- 플라스틱 : 종류에 따라 연소 시 유독 가스를 생성하기도 한다.

3) 소화 방법

- 냉각소화 : 물을 사용하여 온도를 낮추고 열분해를 억제한다.
- 질식소화 : 산소 공급을 차단하여 연소를 멈춘다.

2. 액체 연료

1) 특징

- 표면 증발로 가연성 증기가 발생하며, 이 증기가 착화원과 만나 발화한다.
- 인화점과 발화점이 낮은 경우 작은 열원에도 쉽게 불이 붙는다.

2) 예시

- 휘발유 : 인화점이 매우 낮아 증기 발생이 활발하며, 폭발 위험이 높다.
- 알코올 : 투명한 불꽃으로 연소되어 시각적으로 인지하기 어렵다.
- 유류 : 연소 시 응집력이 있어 화염이 쉽게 확산된다.

3) 소화 방법

- 질식소화 : 폼 소화약제를 사용하여 액면을 덮어 산소를 차단한다.
- 냉각소화 : 물 분무를 통해 증발을 억제하지만, 유화성 위험을 주의해야 한다.

3. 기체 연료

1) 특징

- 이미 기체 상태이므로 공기와 혼합되어 있으며, 착화원만 있으면 즉시 연소가 시작된다.
- 폭발 범위 내의 혼합비를 형성하면 강력한 폭발을 일으킬 수 있다.

2) 예시

- 프로페인 : 휴대용 가스에 사용되며, 누출 시 폭발 위험이 있다.

- **뷰테인** : 점화 라이타 등에서 사용되며, 인화성이 높다.
- **메테인** : 도시가스의 주요 성분으로, 누출 시 무색무취여서 위험하다.

3) 소화 방법

- **연료 공급 차단** : 밸브를 잠그거나 공급선을 차단하여 연소를 멈춘다.
- **질식소화** : 이산화탄소나 질소를 사용하여 산소농도를 낮춘다.

연료 특성의 이해는 어떤 소화약제를 사용할지, 화재확산이 어떻게 진행될지를 예측하는 데 필수적이다. 또한, 적절한 예방 조치와 안전 관리를 통해 화재 발생을 사전에 차단할 수 있다.

3.4 벽, 천장 및 바닥을 통한 화염 확산

실내 화재에서는 건축물의 내부구조와 마감재가 화염 확산 경로에 큰 영향을 준다. 벽, 천장, 바닥을 통한 화염 확산 메커니즘을 이해하면 화재의 전파를 효과적으로 통제할 수 있다.

1. 천장 확산

1) 현상

- **Ceiling Jet 현상** : 상승하는 뜨거운 연기가 천장에 부딪힌 후 수평으로 빠르게 퍼진다.
- 이에 따라 천장 전체가 가열되고, 복사열로 인해 아래쪽 가연물도 가열된다.

2) 위험성

- **천장 마감재 착화** : 목재나 플라스틱 계열의 마감재는 높은 온도로 인해 쉽게 착화된다.
- **구조 손상** : 지속적인 고온 노출로 천장 구조물이 약해질 수 있다.

3) 대응 방안

- **불연성 마감재 사용** : 천장에 방화성이 높은 재료를 사용하여 착화를 방지한다.

- **스프링클러 설치** : 천장 근처에 설치하여 초기 화재를 억제하고 온도를 낮춘다.

2. 벽 확산

1) 현상

- **벽면 전파** : 화염이 벽면을 따라 위아래로 확산되며, 특히 코너(corner)에서는 화염이 겹쳐 온도가 더 빠르게 상승한다.
- **마감재의 영향** : 벽면 마감재의 재질과 두께, 방염 처리 여부가 확산 속도를 결정한다.

2) 위험성

- **수직 확산** : 벽 내부구조나 틈새를 통해 상층부로 화재가 전파될 수 있다.
- **독성 가스 배출** : 일부 합성수지 마감재는 연소 시 유독가스를 발생시킨다.

3) 대응 방안

- **방화 도료 적용** : 벽면에 난연성을 부여하여 화재확산을 지연시킨다.
- **밀폐 처리** : 틈새나 관통부를 방화 재료로 채워 수직 확산을 막는다.

3. 바닥 확산

1) 현상

- **액체 연료의 흘러내림** : 물이나 기름 등의 액체 연료가 바닥을 따라 이동하며 화재를 확산시킨다.
- **하부 공간 전파** : 바닥 아래의 배선 트레이, 지하 덕트 등을 통해 다른 구역으로 화재가 퍼질 수 있다.

2) 위험성

- **안 보이는 곳의 화재** : 하부 공간의 화재는 발견이 늦어 대응이 어려울 수 있다.
- **구조물 약화** : 바닥 구조가 열에 노출되어 붕괴 위험이 증가한다.

3) 대응 방안

- **바닥재 선택** : 난연성 바닥재를 사용하고, 액체의 침투를 막는 재료를 적

용한다.

- **하부 공간 관리** : 케이블 트레이나 덕트에 화재 감지기를 설치하고 불연성 재료로 마감한다.

건축물의 구조와 마감재는 화재 안전 설계에서 핵심적인 요소이다. 적절한 자재 선택과 시공, 정기적인 점검과 유지보수를 통해 화염 확산 경로를 차단하고 피해를 최소화할 수 있다.

3.5 플래시오버와 백드래프트

화재 진행 과정에서 특별한 현상인 플래시오버와 백드래프트는 갑작스럽게 화재 상황을 악화시켜 큰 위험을 초래한다. 이를 이해하고 대비하는 것이 중요하다.

1. 플래시오버(flashover)

1) 정의

화재 성장 단계 중, 실내 온도와 복사열이 임계값에 도달하면 공간 내 가연물 거의 모두가 동시에 발화하는 현상이다.

2) 발생 조건

- **실내 온도상승** : 일반적으로 약 500~600℃ 이상으로 상승한다.
- **복사열 증가** : 벽과 천장에서 방출되는 복사열이 가연물을 발화점까지 가열한다.

3) 위험성

- **급격한 열폭주** : 화재가 순간적으로 완전 발달 단계로 넘어가며, 제어가 매우 어려워진다.
- **인명 대피 곤란** : 내부에 있던 인원은 고온과 유독가스로 인해 대피 시간이 거의 없다.
- **소방 활동의 위험성**: 소방관 역시 높은 위험에 노출되며, 진입이 어렵다.

4) 징후

- 실내 전체의 연기 층 형성 : 연기가 바닥까지 내려와 시야가 차단된다.
- 복사열의 급격한 증가 : 방 안에 들어가지 않아도 강한 열감을 느낄 수 있다.

5) 대응 방안

- 초기 진압 강화 : 화재가 성장 단계에서 플래시오버로 진행되기 전에 진압한다.
- 환기 관리 : 무분별한 환기는 상황을 악화시킬 수 있으므로 조심한다.
- 예측과 철수 : 플래시오버 징후를 파악하여 소방대는 신속히 철수한다.

2. 백드래프트(backdraft)

1) 정의

밀폐된 공간에서 산소 부족으로 불완전연소가 진행되다가, 갑작스러운 환기로 외부 산소가 유입되면 폭발적으로 화염이 재점화되는 현상이다.

2) 발생 조건

- 밀폐된 공간 : 창문과 문이 닫혀 있어 산소 공급이 제한된 상태
- 가연성 가스 축적 : 연소생성물이 공간에 축적되어 있다.

3) 위험성

- 폭발적 연소 : 산소가 유입되는 순간 엄청난 에너지로 화염이 분출된다.
- 구조물 파손 : 압력 상승으로 인해 벽체나 창문이 파괴될 수 있다.
- 인명 피해 : 주변에 있는 인원이나 소방대원이 큰 위험에 노출된다.

4) 징후

- 연기의 흡입 현상 : 문틈이나 창문에서 연기가 빨려 들어간다.
- 창문에 검은 그을음 : 유리창에 어두운 그을음이 붙어 있다.
- 화염의 부재 : 내부는 뜨겁지만 겉으로는 화염이 보이지 않는다.

5) 대응 방안

- 신중한 환기 : 환기를 실시할 때 작은 틈부터 열어 압력 변화를 완화한다.

- 방수 준비 : 문이나 창문을 열기 전에 소방 호스를 준비하여 즉각적인 진압이 가능하도록 한다.
- 안전거리 확보 : 폭발 가능성을 고려하여 인원들을 충분히 떨어뜨린다.

4 화재 플룸[16)17)18)19)20)]

4.1 화재 플룸의 정의 및 형성 과정

1. 화재 플룸의 정의

화재 플룸(fire plume)은 화재 발생 시 생성되는 고온의 연기와 가스가 부력(buoyancy)에 의해 위로 상승하여 형성되는 기둥 형태의 유동 현상을 말한다. 이는 화염의 상부에서 시작되어 주변의 찬 공기와 혼합되면서 점차 두꺼워지고 확산된다. 화재 플룸은 화재 현장에서 열과 연기의 이동을 이해하는 데 핵심적인 요소로 작용하며, 이를 정확히 파악함으로써 화재 안전 설계와 재난 대응에 큰 도움을 준다.

2. 화재 플룸의 형성 과정

1) 발열 지점(화염)

- 고온 가스 생성 : 화염은 연소 과정에서 다량의 열에너지와 연소생성물을 방출한다. 이때 생성되는 가스는 주변 공기보다 온도가 높아 밀도가 낮아진다.
- 에너지 방출 : 화염의 발열량은 연료의 종류와 연소 조건에 따라 달라지며, 이는 플룸의 형성과 특성에 직접적인 영향을 미친다.

16) Drysdale, D. (2016). An Introduction to Fire Dynamics (3rd ed.). Wiley.
17) Karlsson, B., & Quintiere, J. G. (2000). Enclosure Fire Dynamics. CRC Press.
18) National Fire Protection Association (NFPA). (2018). NFPA 921: Guide for Fire and Explosion Investigations. NFPA.
19) 소방청 (2020). "화재 통계 및 안전 지침." 소방청.
20) Society of Fire Protection Engineers (SFPE). (2016). SFPE Handbook of Fire Protection Engineering (5th ed.). SFPE.

2) 상승 흐름 형성

- **부력에 의한 상승** : 밀도가 낮아진 고온의 연소생성물은 부력에 의해 위로 상승하는 경향을 보인다. 이는 자연대류 현상으로, 뜨거운 공기가 위로 올라가고 찬 공기가 아래로 내려오는 방식으로 이루어진다.
- **속도 증가** : 상승하면서 주변 공기의 유입에 의해 난류가 형성되고, 이는 플룸의 상승 속도를 증가시킨다.

3) 혼합 구간

- **주변 공기와의 혼합** : 상승하는 연소생성물은 주변의 찬 공기와 접촉하며 혼합된다. 이 과정에서 플룸의 온도는 주변 공기와 점차 평형을 이루며, 농도 또한 희석된다.
- **난류 생성** : 혼합 과정에서 난류가 발생하여 연기의 확산과 열전달이 더욱 복잡해진다.

4.2 화재 플룸의 구조와 특성

화재 플룸은 내부구조에 따라 다양한 특성을 보이며, 이는 화재의 확산과 영향 범위를 결정하는 데 중요한 역할을 한다. 주요 구성 요소로는 중심부(core), 혼합 영역(mixing zone), 그리고 플룸의 정점이 있다.

1. 중심부(core)

1) 특징

- 플룸의 가장 안쪽 부분으로, 가장 높은 온도와 속도를 가진다.
- 연소생성물이 집중되어 있으며, 불완전연소로 인한 유독가스가 다량 포함될 수 있다.

2) 역할

- 플룸의 상승 동력을 제공하며, 위로의 부력에 큰 영향을 미친다.
- 높은 열에너지가 주변 구조물에 직접적인 열 손상을 줄 수 있다.

2. 혼합 영역(mixing zone)

1) 특징

- 플룸의 외곽 부분으로, 주변의 찬 공기가 유입되어 온도와 농도가 점진적으로 감소한다.
- 난류 현상이 활발하게 발생하여 연기와 가스의 확산을 촉진한다.

2) 역할

- 열과 연기의 수평적 확산에 영향을 주며, 주변 공간으로의 연기 이동을 가속화한다.
- 플룸의 부피를 증가시켜 더 넓은 영역에 영향을 미칠 수 있다.

3. 플룸의 정점

1) 특징

- 플룸이 천장이나 상부 구조물에 도달하면 상승이 멈추고 수평 방향으로 확산된다.
- 이때 연기 층이 형성되어 건물 내부의 온도와 연기 농도를 급격히 상승시킨다.

2) 역할

- 건물 전체로의 연기 확산을 주도하며, 피난 경로의 안전성에 직접적인 영향을 미친다.
- 열 축적으로 인한 플래시오버(flashover) 현상의 촉매 역할을 할 수 있다.

4. 온도 및 속도 분포

화재 플룸 내의 온도와 속도는 높이에 따라 변화하며, 이는 다음과 같은 일반적인 경향을 보인다.

- **온도 감소** : 플룸이 상승하면서 주변 공기와 혼합되어 온도가 점차 감소한다.
- **속도 감소** : 상승 초기에는 부력에 의해 속도가 증가하지만, 혼합 및 에너지 손실로 인해 점차 감소한다.

- **난류 증가** : 높이가 높아질수록 난류 혼합이 증가하여 플룸의 확산이 가속화된다.

표 4.1 높이에 따른 플룸 내 온도 및 속도 변화

높이	온도	속도	난류 강도
0 m	900°C	5.5 m/s	낮음
1 m	700°C	4.8 m/s	중간
2 m	500°C	3.6 m/s	중간
3 m	350°C	2.4 m/s	높음
4 m	200°C	1.2 m/s	매우 높음

4.3 화재 플룸의 영향 (연기 이동, 열 축적, 구조물 손상 등)

화재 플룸은 화재 현장에서 다양한 방식으로 부정적인 영향을 미치며, 이는 인명 피해와 재산 손실로 이어질 수 있다.

1. 연기 이동

1) 시야 장애

- 연기가 건물 내부에 확산되면 시야를 가려 피난 활동이 어려워진다.
- 연기 층이 형성되어 조명 시설의 효율이 감소하고, 혼란을 가중시킨다.

2) 유독가스 노출

- 연기에는 일산화탄소(CO), 사이안화수소(HCN) 등의 유독가스가 포함되어 있어 흡입 시 생명을 위협할 수 있다.
- 플룸을 통해 이러한 가스들이 빠르게 건물 전체로 퍼질 수 있다.

3) 환기 시스템을 통한 확산

- 환기 덕트나 에어컨 시스템을 통해 연기가 예상치 못한 공간으로 이동하여 추가적인 위험을 야기한다.

2. 열 축적

1) 구조물의 온도상승

- 천장과 상부 구조물에 열이 축적되어 온도가 급격히 상승한다.
- 이는 주변의 가연성 물질을 발화점까지 가열하여 화재의 확산을 촉진한다.

2) 플래시오버 현상

- 실내 온도가 약 500°C 이상으로 상승하면, 실내의 모든 가연성 물질이 거의 동시에 발화하는 플래시오버가 발생한다.
- 이는 화재 규모를 폭발적으로 확대시켜 피난 시간을 급격히 단축시킨다.

3. 구조물 손상

1) 재료의 물리적 변화

- **철골 구조물** : 약 550°C 이상에서 강도가 급격히 감소하여 구조적 안정성이 저하된다.
- **콘크리트** : 고온에 노출되면 수분 증발에 의한 균열과 탈락 현상이 발생할 수 있다.
- **목재** : 열에 의해 쉽게 연소되어 구조물의 내력이 상실된다.

2) 열팽창에 의한 변형

- 금속 부재의 열팽창으로 인한 변형은 구조물 전체의 균형을 무너뜨릴 수 있다.
- 문틀이나 창틀의 변형으로 피난 경로가 차단될 수 있다.

3) 장기 화재 시 붕괴 위험

- 지속적인 고온 노출로 인해 구조 부재의 내력이 감소하여 건축물이 붕괴될 위험이 있다.

4. 화재 안전 설계의 중요성

1) 제연 시스템 도입

- 연기의 효과적인 배출을 위해 기계식 또는 자연식 제연 시스템을 설치한다.

- 이는 연기 농도를 낮추어 피난 안전성을 높여준다.

2) 천장고의 최적화

- 충분한 천장 높이를 확보하여 열과 연기의 하강을 지연시키고, 피난 시간을 확보한다.

3) 방화구획 설정

- 건물 내부를 방화구획으로 나누어 화재와 연기의 수평적 확산을 제한한다.
- 방화문과 방화 셔터 등의 설치로 구획 간 연기의 이동을 차단한다.

4) 내화 재료 사용

- 내화성능이 우수한 재료를 사용하여 구조물의 내열성을 향상시킨다.
- 내화 피복이나 단열재를 활용하여 열 손상을 최소화한다.

5) 능동적 화재진압 시스템

- **스프링클러 시스템** : 자동으로 화재를 감지하고 물을 분사하여 초기 진압을 돕는다.
- **화재 감지기** : 연기, 열, 불꽃 등을 감지하여 경보를 발령한다.

5. 실제 사례 분석

1) 런던 그렌펠 타워 화재(2017년)

- 화재 플룸과 가연성 외장재의 조합으로 인해 화재가 급속히 확산되었다.
- 연기의 빠른 확산과 열 축적으로 인해 많은 인명 피해가 발생하였다.
- 이 사건 이후로 전 세계적으로 고층 건축물의 화재 안전 기준이 재검토되었다.

2) 대구 지하철 화재(2003년)

- 지하 공간에서의 화재 플룸 현상으로 인해 연기와 열이 승강장 전체로 퍼졌다.
- 제한된 피난 경로와 빠른 연기 확산으로 많은 사상자가 발생하였다.
- 지하 공간의 화재 안전 설계와 비상 대응 체계의 중요성이 부각되었다.

표 4.2 화재 플룸 영향

영향 분야	상세 내용
연기 이동	시야 장애, 유독 가스 노출, 환기 시스템에 의한 연기 확산
열 축적	구조물 온도상승, 플래시오버 촉진
구조물 손상	재료 열화, 내력 감소, 열팽창에 의한 변형, 붕괴 위험
피난 안전성	피난 경로 차단, 피난 시간 단축, 혼란 및 공황 유발
환경 영향	대기 오염, 주변 건축물로의 화재 확산

5 실내 화재[21)22)23)24)25)]

5.1 실내 화재의 특성

실내 화재는 외부와 비교적 차단된 공간에서 발생하기 때문에, 열과 연기가 급속히 누적되는 특징이 있다. 이는 창문이나 문이 닫혀 있을 때 더욱 두드러지며, 온도가 빠르게 상승하고 산소가 부족해 불완전연소가 진행되다가 환기 시 갑작스럽게 폭발적인 연소가 나타날 수 있다. 이러한 특성은 화재의 예측과 대처를 어렵게 만들어 인명과 재산 피해를 확대시킬 수 있다.

1. 밀폐 공간에서의 열 축적과 온도상승

- **열 축적 메커니즘** : 밀폐된 실내에서는 화재로 인해 발생한 열이 외부로 배출되지 못하고 내부에 축적된다. 이에 따라 실내 온도가 급격히 상승하고, 주변의 가연성 물질들이 쉽게 발화할 수 있는 환경이 조성된다.
- **구조물의 약화** : 고온은 벽, 천장, 바닥 등의 구조물을 약화시켜 붕괴 위험

21) Drysdale, D. (2016). An Introduction to Fire Dynamics (3rd ed.). Wiley.

22) Karlsson, B., & Quintiere, J. G. (2000). Enclosure Fire Dynamics. CRC Press.

23) National Fire Protection Association (NFPA). (2018). NFPA 921: Guide for Fire and Explosion Investigations. NFPA.

24) 소방청 (2020). "화재 통계 및 안전 지침." 소방청.

25) Society of Fire Protection Engineers (SFPE). (2016). SFPE Handbook of Fire Protection Engineering (5th ed.). SFPE.

을 높인다. 특히 금속 구조물은 열에 의해 변형되고, 목재는 발화점에 도달해 추가적인 화재 확산을 야기한다.

2. 연기의 누적과 시야 제한

- **연기의 형성** : 불완전연소로 생성된 연기는 실내 상부에 쌓여 시야를 가린다. 이에 따라 탈출 경로를 찾기 어려워지고, 공황 상태에 빠질 수 있다.
- **연기의 독성** : 연기에는 일산화탄소(CO), 시안화수소(HCN) 등 치명적인 독성 가스가 포함되어 있어 호흡기 손상이나 질식을 유발할 수 있다.

3. 산소농도의 감소와 불완전연소

- **산소 부족 현상** : 밀폐된 공간에서는 연소 과정에서 산소가 소모되면서 내부 산소농도가 급격히 감소한다.
- **불완전연소의 위험성** : 산소가 부족하면 연료가 완전히 연소되지 않아 유독 가스와 가연성 물질이 축적된다.
- **산소농도와 인체 영향** : 산소농도가 낮아지면 사람의 신체에 다양한 영향을 미칠 수 있다.

4. 환기 후 폭발적 연소(백드래프트)

1) 백드래프트 정의

밀폐 공간에서 불완전연소로 생성된 가연성 가스가 축적된 상태에서 갑작스럽게 산소가 유입될 경우 폭발적인 연소 현상이 발생하는데, 이를 백드래프트라고 한다.

2) 백드래프트 발생 과정

- **밀폐된 화재 현장** : 산소 부족으로 화염은 약하지만 연소는 계속 진행되며 가연성 가스 축적
- **산소의 급격한 유입** : 문이나 창문이 열리면서 외부 공기가 유입
- **폭발적 연소** : 축적된 가스와 산소가 반응하여 폭발적인 화염 발생

3) 예방 방법

- 소방대원들은 현장 접근 시 문을 천천히 열어 내부 상황을 파악하고, 환

기를 신중하게 진행해야 한다.

5. 실내 화재의 특수한 거동

1) 플래시오버(flashover)

- **정의** : 특정 온도 이상에서 실내 모든 가연성 물질이 동시에 발화하는 현상
- **특징** : 순간적으로 화염이 확산되어 생존과 진압이 거의 불가능한 상태가 됨
- **예방** : 초기 진압과 온도 관리로 플래시오버 발생을 막는 것이 중요

2) 열류 현상

- **정의** : 고온의 연기와 화염이 복도나 계단을 따라 빠르게 이동하는 현상
- **위험성** : 피난 경로를 차단하고, 화재가 다른 층으로 확산될 수 있음
- **대처 방안** : 방화문 폐쇄와 공간 구획을 통한 화재 확산 방지

5.2 실내 화재의 유형 (주거, 상업, 산업 시설 등)

실내 화재는 발생 장소와 특성에 따라 다양한 유형으로 나눌 수 있으며, 각 유형별로 위험 요소와 대응 방법이 다르다.

1. 주거 시설 화재

1) 주요 원인

- 부주의한 담배 사용
- 취사 중 발생하는 화재(기름 과열, 음식물 방치)
- 전기 제품의 누전이나 과부하
- 난방 기구 사용 중 안전 수칙 미준수

2) 특징

- **야간 발생 위험성** : 사람들이 수면 중일 때 화재가 발생하면 발견이 늦어져 대피가 어렵다.
- **취약 계층의 위험** : 어린이, 노약자, 장애인 등은 신속한 대피가 어려워 인명 피해가 커질 수 있다.

- **가연성 물질의 다양성** : 가구, 커튼, 의류 등 다양한 가연성 물질로 인해 화재 확산 속도가 빠르다.

3) 예방과 대책

- **화재경보기 설치** : 연기 감지기를 설치해 조기에 화재를 감지하고 대피 시간을 확보
- **소화기 비치** : 간편한 소화기를 비치해 초기 진압 가능
- **안전 교육** : 가족 구성원 모두가 화재 시 행동 요령을 숙지

2. 상업 시설 화재

1) 주요 원인

- 전기 설비의 문제(과부하, 노후화)
- 조리 기구 사용 중 부주의(레스토랑 등)
- 방화나 고의적인 화재

2) 특징

- **인원 밀집** : 많은 사람들이 모여 있어 대피 혼란과 인명 피해 우려
- **복잡한 구조** : 대형 건물의 경우 내부 구조가 복잡해 탈출 경로 파악이 어렵다.
- **다양한 화재위험 요소** : 매장 내 상품, 장식물 등이 추가적인 연료로 작용

3) 예방과 대책

- **정기 점검** : 전기 설비 및 소방 시설의 정기적인 안전 점검
- **비상구 확보** : 비상구의 위치를 명확히 표시하고 장애물 없이 유지
- **대피 훈련** : 직원 및 방문자를 대상으로 정기적인 대피 훈련 실시

3. 산업 시설 화재

1) 주요 원인

- 기계 설비의 과열이나 마찰로 인한 발화
- 정전기 발생으로 인한 불꽃
- 화학 물질 취급 부주의(누출, 혼합)

2) 특징

- **폭발 위험** : 가연성 가스, 화학 약품 등이 많아 폭발적인 화재로 이어질 수 있다.
- **대규모 피해** : 화재가 한번 발생하면 진압이 어려워 대규모 손실과 환경 오염 우려
- **인근 지역 영향** : 공장 주변 지역까지 영향을 미쳐 주민 대피가 필요할 수 있다.

3) 예방과 대책

- **안전 관리 시스템 구축** : 위험 물질의 안전한 보관과 취급을 위한 시스템 마련
- **자동 소화 설비** : 스프링클러, 가스 소화기 등 자동화된 소화 시스템 설치
- **직원 교육** : 안전 규정 준수와 비상 시 대처 방법에 대한 교육 강화

5.3 실내 공간에서의 화염 및 연기의 거동

화재 발생 시 실내에서 화염과 연기의 거동은 인명 피해와 직결되기 때문에 이해가 필요하다.

1. 온도 분포와 층상화 현상

1) 온도 분포

- 화재 시 상부로 갈수록 온도가 높아지고, 하부는 상대적으로 낮은 온도를 유지한다.

2) 층상화 현상

- **상부층(hot zone)** : 고온의 연기와 가스가 축적되어 있으며, 온도가 섭씨 600도 이상까지 상승할 수 있다.
- **하부층(cool zone)** : 비교적 낮은 온도로 피난 가능하지만, 시간이 지남에 따라 상부층이 하강하여 위험해진다.

3) 피난 요령

- 하부 공간을 이용해 낮은 자세로 이동하면 고온과 연기를 피하는 데 도움이 된다.

2. 연기의 확산과 독성 가스

1) 연기의 특성

- **시야 제한** : 연기는 시야를 거의 제로로 만들어 탈출을 어렵게 한다.
- **유독성** : 연기에는 다양한 독성 가스가 포함되어 있어 짧은 시간 노출로도 치명적일 수 있다.

2) 독성 가스와 영향

- 일산화탄소(CO), 시안화수소(HCN) 등이 있으며, 이들은 인체에 치명적인 영향을 미쳐 단시간 노출로도 생명을 위협할 수 있다.

3. 플래시오버의 위험성

1) 플래시오버 정의

실내 온도가 발화점에 도달하여 모든 가연성 물질이 동시에 불타는 현상

2) 발생 조건

- 실내 온도가 약 500℃~600℃에 도달
- 가연성 가스와 증기가 충분히 축적
- 산소 공급이 유지되는 상태

3) 대응 방법

- **초기 진압** : 화재가 성장하기 전에 신속히 진압
- **온도 모니터링** : 열화상 카메라 등을 이용해 온도상승 감시
- **환기 관리** : 불필요한 산소 공급을 막기 위해 환기 통제

5.4 실내 환기 조건과 화재 성장

환기는 화재의 진행과 진압에 있어 결정적인 역할을 한다.

1. 자연 환기

1) 특징

- 창문, 문, 벽의 틈새 등을 통한 자연적인 공기 흐름
- 화재 시 산소 공급으로 화염을 키울 수 있지만, 연기의 배출로 온도를 낮추는 효과도 있음

2) 영향

- **긍정적** : 연기 배출로 시야 확보, 온도 감소
- **부정적** : 산소 유입으로 화재 확산 가속

2. 기계 환기

1) 특징

- 공조 시스템, 환풍기, 배기 팬 등을 이용한 공기 흐름
- 화재 시 기계 환기가 연기의 확산이나 산소 공급에 영향을 미침

2) 대처 방안

- 화재 발생 시 기계 환기 시스템을 적절히 제어하여 연기의 확산을 막아야 한다.

3. 밀폐 상황과 환기의 영향

1) 밀폐된 공간

- 산소 부족으로 인해 불완전연소가 일어나고, 일산화탄소 등의 가연성 가스가 축적된다.

2) 환기의 영향

- 갑작스러운 환기(문 개방 등) 시 산소가 급격히 유입되어 백드래프트나 플래시오버가 발생할 수 있다.

3) 예방과 대책

- 소방대원은 환기 전에 내부 상황을 철저히 파악하고, 통제된 방식으로 환기를 진행해야 한다.

4. 소방 전술에서의 환기 전략

1) 통제된 환기

- 화재 진압을 돕기 위해 의도적으로 환기 경로를 설정하고 관리하는 것
- 연기의 배출과 산소의 유입을 조절하여 화재 거동을 예측 가능한 상태로 만든다.

2) 양압 환기

- 팬 등을 이용해 외부에서 내부로 공기를 불어넣어 연기를 밀어내는 방법
- 피난 경로의 연기 제거에 효과적

3) 배연

- 건물 상부나 측면에 배출구를 만들어 연기를 빼내는 방법
- 실내 온도 감소와 시야 확보에 도움이 된다.

6 소화의 원리와 방법[26)27)28)29)30)]

6.1 소화의 기본 원리

연소는 가연물, 산소, 열에너지 이 세 가지 요소가 동시에 존재할 때 발생하는 화학반응이다. 이를 연소의 3요소라 부르며, 이 요소들은 서로 밀접

26) Drysdale, D. (2016). An Introduction to Fire Dynamics (3rd ed.). Wiley.

27) Karlsson, B., & Quintiere, J. G. (2000). Enclosure Fire Dynamics. CRC Press.

28) National Fire Protection Association (NFPA). (2018). NFPA 921: Guide for Fire and Explosion Investigations. NFPA.

29) 소방청 (2020). "화재 통계 및 안전 지침." 소방청.

30) Society of Fire Protection Engineers (SFPE). (2016). SFPE Handbook of Fire Protection Engineering (5th ed.). SFPE.

하게 연관되어 연소를 유지시킨다. 따라서 화재를 진압하기 위해서는 이 중 하나 이상의 요소를 제거하거나 방해함으로써 연소를 중단시킬 수 있다. **소화(extinguishment)**는 연소를 유지하는 세 가지 요소인 연료, 산소, 열 중 하나 이상을 제거하거나 방해하여 불의 연소를 중단시키는 것이다.

1. 연소의 3요소와 소화의 관계

1) 가연물

연소를 지속시키는 연료로서, 고체, 액체, 기체 상태의 다양한 물질이 가연물에 해당한다. 불에 탈 수 있는 모든 물질이 가연물이며, 그 특성과 상태에 따라 연소 특성이 달라진다.

- **소화와의 관계** : 가연물을 제거하거나 연료 공급을 차단하면 연소는 지속될 수 없다. 이는 제거 소화의 원리에 해당한다. 불붙은 물체를 주변에서 격리하거나, 가스 밸브를 잠가 연료 공급을 막는 것이 그 예이다.

2) 산소

연소를 가능케 하는 산화제로서, 대기 중 약 21%를 차지한다. 산소농도가 높을수록 연소속도와 온도가 증가하며, 반대로 15% 이하로 떨어지면 대부분의 물질은 연소를 지속할 수 없다.

- **소화와의 관계** : 산소의 공급을 차단하거나 산소농도를 낮추면 연소는 중단된다. 이는 질식 소화의 원리에 해당한다. 이산화탄소(CO_2)나 질소(N_2) 같은 불활성 가스를 주입하거나, 모래나 담요로 불을 덮어 산소와의 접촉을 막는 방법이 있다.

3) 열에너지

연소를 시작하고 유지하기 위한 에너지로, 발화점 이상의 온도가 필요하다. 열 에너지는 연소 과정에서 생성되어 연쇄반응을 촉진한다.

- **소화와의 관계** : 열 에너지를 제거하여 가연물의 온도를 발화점 이하로 낮추면 연소는 중단된다. 이는 냉각 소화의 원리에 해당하며, 물을 사용하여 열을 흡수하는 방법이 대표적이다.

4) 화학반응

연소 과정에서 일어나는 화학적 연쇄반응은 활성 라디칼을 생성하여 연소를 지속시킨다.

- **소화와의 관계** : 연소 과정의 화학반응 자체를 방해하거나 중단시키면 연소는 멈춘다. 이는 억제 소화의 원리로, 화학 소화약제를 사용하여 활성 라디칼을 제거하거나 중화시킨다.

2. 소화의 4대 원리와 연소의 3요소 관계

- 냉각(cooling) : 열에너지를 제거하여 연소를 중단
- 질식(smothering) : 산소의 공급을 차단하거나 희석하여 연소를 멈춤
- 제거(removal) : 가연물을 제거하거나 연료의 공급을 차단하여 연소를 불가능하게 함
- 억제(inhibition) : 화학반응을 방해하여 연쇄적인 연소를 끊음

3. 소화의 4대 원리

1) 냉각

냉각 소화는 연소 부위에 물이나 냉각제를 사용하여 열에너지를 흡수함으로써 가연물의 온도를 발화점 이하로 낮추는 방법이다. 이는 가장 일반적이고 효과적인 소화 방법으로, 특히 고체 가연물로 인한 A급 화재에 주로 사용된다.

- **물의 냉각 작용** : 물은 높은 비열과 기화열을 지니고 있어, 소량으로도 많은 열을 흡수할 수 있다. 물이 증발하면서 주변의 열에너지를 대량으로 가져가기 때문에 온도를 빠르게 낮출 수 있다. 1g의 물이 증발할 때 약 540칼로리의 열을 흡수한다.
- **응용 사례** : 소방차의 물 분사, 스프링클러 시스템, 물분무 소화기 등이 있다.
- **주의 사항** : 전기 화재나 유류 화재에서는 물이 전기의 전도체로 작용하거나 유류를 확산시켜 위험을 증가시킬 수 있으므로 사용에 주의해야 한다.

2) 질식

질식 소화는 연소에 필요한 산소의 공급을 차단하거나 산소농도를 낮추어 연소를 멈추는 방법이다. 이는 밀폐된 공간이나 제한된 공간에서 효과적이며, 전기 화재나 유류 화재 등에서 사용된다.

- **불활성 가스 사용** : 이산화탄소(CO_2), 질소(N_2) 등을 주입하여 산소농도를 낮춘다. 산소농도가 약 15% 미만으로 떨어지면 대부분의 연소는 지속될 수 없다.
- **물리적 차단** : 모래, 담요, 거품 등을 사용하여 불길을 덮어 산소와의 접촉을 막는다.
- **응용 사례** : 전산실, 변전소, 주방 화재 등에서 사용된다.
- **한계점** : 개방된 공간에서는 외부에서 산소가 계속 공급되므로 효과가 제한적일 수 있다. 또한, 밀폐된 공간에서 인명 구조 시 산소 결핍으로 인한 위험이 있으므로 사용 시 주의가 필요하다.

3) 제거

제거 소화는 연소에 필요한 가연물을 제거하거나 연료의 공급을 차단하여 연소를 중단시키는 방법이다. 이는 화재의 확산을 방지하고 초기 단계에서의 화재 진압에 효과적이다.

- **연료 공급 차단** : 가스 밸브를 잠가 가스 공급을 중단하거나, 유류의 흐름을 막는다.
- **가연물 제거** : 불붙은 물체를 주변에서 격리하거나 안전한 장소로 옮긴다.
- **예방적 조치**: 산불의 경우 방화선을 구축하여 가연물을 미리 제거함으로써 화재의 확산을 막는다.
- **응용 사례** : 가스 누출 화재, 산불 진압 등에서 활용된다.
- **한계점** : 이미 큰 화재에서는 가연물 제거가 쉽지 않을 수 있다.

4) 억제

억제 소화는 연소 과정에서 발생하는 화학반응을 방해하여 연쇄적인 연소를 끊는 방법이다. 이는 화학 소화약제를 사용하여 활성 라디칼을 제거하거나 중화시킴으로써 연소를 중단시킨다.

- **화학 소화약제 사용** : 할론(halon), 분말(드라이 케미컬), 청정 가스 소화약제 등이 있다.
- **응용 분야** : 전산실, 데이터 센터, 박물관 등 민감한 전자 장비나 귀중품이 있는 장소에서 사용된다. 화재 진압 후 잔여물이 거의 남지 않아 2차 피해를 최소화한다.
- **환경 고려** : 할론은 오존층 파괴를 유발하는 물질로 현재 사용이 제한되고 있으며, 이를 대체하기 위한 친환경 소화약제가 개발되고 있다.
- **특징** : 전기 전도성이 없고, 인체에 해를 끼치지 않는 약제를 사용하여 안전성을 높인다.

6.2 소화 방법의 종류

소화의 4대 원리를 토대로 다양한 소화 방법이 개발되었다. 각 방법은 화재의 유형, 장소, 가연물의 종류 등에 따라 적절히 선택되어야 하며, 효과적인 화재 진압을 위해서는 상황에 맞는 소화 방법의 적용이 필수적이다.

1. 냉각 소화

냉각 소화는 연소 부위에 물이나 냉각제를 사용하여 열 에너지를 흡수함으로써 가연물의 온도를 발화점 이하로 낮추는 방법이다. 이는 가장 일반적이고 널리 사용되는 소화 방법으로, 특히 고체 가연물로 인한 A급 화재에 효과적이다.

1) 활용 방법

- **물 분사** : 소방 호스를 이용하여 강한 물줄기를 직접 화염에 분사한다.
- **물분무 시스템** : 미세한 물방울을 분사하여 넓은 면적의 온도를 낮춘다.
- **스프링클러 시스템** : 건물 내부에 설치되어 열 감지 시 자동으로 물을 분사한다.

2) 장점

- **효과적인 열 제거** : 물의 높은 비열과 증발열로 인해 효율적인 냉각이 가능하다.

- **용이한 접근성** : 물은 비교적 쉽게 구할 수 있는 소화 자원이다.

3) 주의 사항

- **전기 화재 주의** : 물은 전기의 전도체이므로 전기 화재 시 감전 위험이 있다.
- **유류 화재 주의** : 유류 위에 물을 부으면 기름이 떠올라 화재가 확산될 수 있다.

2. 질식 소화

질식 소화는 연소에 필요한 산소의 공급을 차단하거나 희석하여 연소를 멈추는 방법이다. 밀폐된 공간이나 제한된 공간에서 효과적이며, 전기 화재나 유류 화재 등에 주로 사용된다.

1) 활용 방법

- **가스 소화기 사용** : 이산화탄소(CO_2), 질소(N_2), 아르곤 등의 불활성 가스를 분사한다.
- **물리적 덮개 사용** : 모래, 담요, 방화 덮개 등을 이용해 화염을 덮는다.
- **포말 소화** : 거품을 생성하여 화염을 덮고 산소와의 접촉을 차단한다.

2) 장점

- **전도성 없음** : 가스나 포말은 전기를 통하지 않아 전기 화재에 안전하다.
- **신속한 적용** : 휴대용 소화기를 이용하여 빠르게 대응 가능하다.

3) 주의 사항

- **인체 영향** : 밀폐된 공간에서의 가스 사용은 산소 결핍으로 인한 질식 위험이 있으므로 주의해야 한다.
- **환기 필요** : 소화 후에는 반드시 환기를 통해 가스를 배출해야 한다.

3. 제거 소화

제거 소화는 연소에 필요한 가연물을 제거하거나 연료의 공급을 차단하여 화재를 진압하는 방법이다. 이는 화재의 확산을 방지하고 초기 대응에 효과적이다.

1) 활용 방법

- **연료 공급 차단** : 가스 밸브나 유류 밸브를 잠가 연료 공급을 중단한다.
- **가연물 제거** : 불붙은 물체를 안전한 장소로 옮기거나 주변 가연물을 제거한다.
- **방화선 구축** : 산불 진압 시 불길이 번질 수 있는 가연물을 미리 제거하여 확산을 막는다.

2) 장점

- **화재 예방 효과** : 화재 확산을 미연에 방지할 수 있다.
- **단순한 방법** : 특별한 장비 없이도 실행 가능하다.

3) 주의 사항

- **화재 규모 제한** : 초기 화재나 작은 규모의 화재에 주로 적용되며, 대규모 화재에서는 실효성이 떨어질 수 있다.
- **안전 확보** : 가연물 제거 시 인명 피해가 없도록 주의해야 한다.

4. 억제 소화

억제 소화는 연소 과정에서 일어나는 화학반응을 방해하여 연쇄적인 연소를 끊는 방법이다. 이는 화학 소화약제를 사용하여 활성 라디칼을 제거하거나 중화시켜 연소를 중단시킨다.

1) 활용 방법

- **화학 소화약제 분사** : 분말 소화기, 할론 소화기, 청정 가스 소화기 등을 사용한다.
- **자동 소화 시스템** : 특정 조건에서 자동으로 소화약제를 분사하는 설비를 설치한다.

2) 장점

- **민감한 장비 보호** : 전자 기기나 중요한 서류 등이 있는 공간에서 효과적이다.
- **잔여물 최소화** : 소화 후 잔여물이 거의 없어 2차 피해를 줄일 수 있다.

3) 주의 사항

- **환경 영향** : 일부 화학 약제는 환경에 해로울 수 있으므로 친환경 약제를 선택해야 한다.
- **비용 부담** : 전문적인 소화약제나 설비는 비용이 높을 수 있다.

5. 기타 고려 사항

- **냉각 소화의 특수한 응용** : 금속 화재(D급 화재)의 경우 물과 반응하여 폭발할 수 있으므로, 특수한 냉각제가 필요하다. 드라이 파우더나 특수 소화제를 사용한다.
- **질식 소화 시 안전성** : 가스 소화약제는 인체에 해를 끼치지 않는 것이어야 하며, 소화 후 환기가 필수적이다.
- **억제 소화의 환경 영향** : 오존층 파괴를 유발하는 할론은 사용이 제한되었으며, HFCs 등 친환경 소화약제가 개발되고 있다.
- **복합적인 소화 전략** : 실제 화재 현장에서는 여러 소화 방법을 복합적으로 사용하여 화재를 효과적으로 진압한다.

CHAPTER 05

연소의 형태

CHAPTER 05

연소의 형태

학습목표

- 연소 형태(기체, 액체, 고체)의 기본 이론을 이해하고, 각 연소 방식을 결정하는 물리 · 화학적 요인을 명할 수 있다.
- 연소 과정에서 안전성과 환경 영향을 분석하고, 소방공학적 측면에서 화재 예방과 대응 방안을 수립할 수 있다.
- 산업 분야에서의 연소 기술 응용 사례를 파악하고, 미래의 신기술 및 연구 동향을 비판적으로 검토할 수 있다.

1 기체 연소[1)2)]

1.1 기체 연소의 특성

1. 기체 연료의 일반적 특성

기체 연료는 분자 간 상호 작용이 약하여 분자들이 자유롭게 움직일 수 있다. 이에 따라 주변 온도와 압력 조건에 따라 기체 분자들은 상대적으로 쉽게 확산하고 혼합될 수 있고 이러한 특성 때문에 기체 연료는 다른 연료에 비해 연소속도가 빠르며, 적절한 조건이 갖춰지면 폭발적인 연소 현상을 일으킬 수도 있다. 따라서 기체 연료의 취급과 사용 시에는 이러한 특성을 충분히 이해하고 안전에 유의해야 한다.

대표적인 기체 연료로는 다음과 같은 것들이 있다.

- 메테인(CH_4) : 천연가스의 주성분으로, 가정용 가스나 발전용 연료로 널리 사용된다. 메테인은 탄소 한 원자에 수소 네 원자가 결합한 가장 간단한 탄화수소로, 연소 시 이산화탄소와 물을 생성하며 상대적으로 깨끗한 에너지로 평가받는다.

---

1) Turns, S. R. An Introduction to Combustion: Concepts and Applications (3rd ed.), McGraw-Hill, 2012.

2) 한국소방안전원, 소방안전관리 매뉴얼, 2021.

- **프로페인(C_3H_8)** : 액화석유가스(LPG)의 주요 구성성분 중 하나로, 가정용 연료나 야외용 가열기 등에 활용된다. 프로페인은 메테인보다 탄소 수가 많아 연소열이 높지만, 연소 시 생성되는 탄소 입자 등의 오염물질 배출이 증가할 수 있다.
- **수소(H_2)** : 가장 가벼운 원소로, 연소 시 물만 생성하여 환경친화적인 연료로 주목받고 있다. 그러나 상온에서 기체 상태로 존재하며, 에너지 밀도가 낮고 폭발성이 높아 저장과 운반에 기술적인 어려움이 있다.

이들 기체 연료의 주요 특성은 다음과 같다.

- **발화점(autoignition temperature)** : 가스가 외부의 점화원 없이 스스로 발화하기 시작하는 온도를 말하는데 이는 연료의 화학적 구조와 안정성에 따라 달라진다.
  ① **메테인** : 약 537℃로 비교적 높은 편이며, 이는 안전한 취급을 위한 기준이 된다.
  ② **프로페인** : 약 470℃로 메테인보다 낮아 자체 발화의 위험성이 더 크므로 주의가 필요하다.
  ③ **수소** : 약 500℃로, 발화점은 메테인과 프로페인의 중간 정도이지만, 수소의 다른 특성으로 인해 특별한 관리가 요구된다.

- **가연한계(flammability limits)** : 일정한 온도와 압력 조건에서 공기와 혼합된 가스가 연소할 수 있는 농도 범위를 의미한다.
  ① **메테인** : 약 5%~15%의 농도 범위에서 연소가 가능하다. 이 범위를 벗어나면 연소가 일어나지 않는다.
  ② **프로페인** : 약 2.1%~9.5%로 메테인보다 가연한계가 좁지만, 하한계가 낮아 적은 농도에서도 연소가 가능하다.
  ③ **수소** : 약 4%~75%로 매우 넓은 가연한계를 가지며, 이는 수소의 폭발 위험성을 높이는 요인이다.

- **연소열(heat of combustion)** : 단위 질량 또는 몰의 연료가 완전연소되었을 때 발생하는 열량으로, 연료의 에너지 효율을 나타내는 지표이다.
  ① **메테인** : 약 55.5 MJ/kg으로, 단위 질량당 상당한 에너지를 방출한다.

② **프로페인** : 약 50.4 MJ/kg으로 메테인과 비슷한 수준이며, 연료의 밀도 차이에 따라 부피당 에너지량은 다를 수 있다.

③ **수소** : 약 141.8 MJ/kg으로 매우 높은 연소열을 가지지만, 기체 상태에서의 낮은 밀도로 인해 부피당 에너지 밀도는 낮다.

이러한 특성들은 기체 연료를 사용한 연소 시스템의 설계와 안전관리에 중요한 역할을 한다. 예를 들어, 발화점과 가연한계를 고려하여 적절한 환기와 혼합비율을 유지해야 하며, 연소열에 따라 연소기의 효율과 냉각 시스템을 설계해야 한다.

2. 기체 연소에서의 반응 구역

기체 연소는 일반적으로 화염(flame) 형태로 나타나며, 연료와 산화제가 반응하여 열과 빛을 방출하는 복합적인 과정이다. 화염 내부에서는 다양한 물리적 · 화학적 현상이 동시에 일어나며, 이를 이해하기 위해 화염을 세 가지 주요 구역으로 구분한다.

- 예열대(preheat zone) :

  ① **특징** : 가연성 혼합물이 화염의 열에 의해 서서히 가열되는 구역이다. 이때 혼합물의 온도는 외부 온도에서 발화점 부근까지 상승한다.

  ② **역할** : 혼합물을 발화에 필요한 에너지 수준까지 올리는 것이 주된 목적이며, 열전도와 열복사에 의해 에너지가 전달된다.

  ③ **과정** : 분자들은 에너지를 흡수하여 진동하고 회전하며, 이는 화학 반응을 위한 준비 단계라고 볼 수 있다.

- 반응대(reaction zone) :

  ① **특징** : 혼합물이 발화점에 도달하여 급격한 화학반응이 일어나는 구역이다. 이 구역은 화염의 가장 밝고 뜨거운 부분으로 눈에 보이는 화염의 핵심이다.

  ② **역할** : 연료 분자와 산소 분자가 화학적으로 결합하여 이산화탄소(CO_2), 물(H_2O) 등의 안정한 생성물을 형성하면서 다량의 열과 빛을 방출한다.

③ **과정** : 활성화에너지를 넘은 분자들은 연쇄적인 반응을 일으키며, 자유 라디칼의 생성과 소멸이 활발하게 진행된다. 이는 연소반응속도를 좌우하는 중요한 요소이다.

- **후연소대(post-flame zone)** :
  ① **특징** : 반응대에서 생성된 생성물들이 존재하는 구역으로, 연소반응이 거의 완료된 상태이다.
  ② **역할** : 남아 있는 미량의 반응물과 중간 생성물들이 추가적인 반응을 통해 완전히 안정한 생성물이 되도록 한다.
  ③ **과정** : 열이 주변으로 방출되면서 온도가 점차 감소하며, 생성물들의 재배열과 에너지 분포가 안정화된다. 또한 배기가스 처리와 공해 물질의 배출에 대한 고려가 필요한 단계이다.

이러한 반응 구역에 대한 이해는 다음과 같은 측면에서 중요하다.

- **연소효율 향상** : 예열대와 반응대의 조건을 최적화함으로써 연료의 완전연소를 유도하고, 연소효율을 극대화할 수 있다.
- **안전성 증대** : 화염의 구조와 반응속도를 제어하여 원하는 연소속도와 온도를 유지함으로써 폭발 등의 위험을 줄일 수 있다.
- **오염물질 저감** : 후연소대에서의 반응을 적절히 관리하여 미연소 탄화수소, 일산화탄소 등의 유해 물질 배출을 최소화할 수 있다.
- **연소기 설계** : 반응 구역의 특성을 반영하여 연소기의 크기, 모양, 재료 등을 설계함으로써 성능과 내구성을 향상시킬 수 있다.

예를 들어, 가스 터빈 엔진에서는 이러한 반응 구역의 관리가 더욱 중요하다. 예열대에서의 혼합기 예열, 반응대에서의 급격한 연소반응, 후연소대에서의 배기가스 처리 등이 엔진의 효율과 출력에 직접적인 영향을 미친다.

결론적으로, 기체 연료의 일반적 특성과 연소 과정에서의 반응 구역에 대한 심도 있는 이해는 안전하고 효율적인 에너지 활용을 위해 필수적이다. 이를 통해 신뢰성 높은 연소 시스템을 구축하고, 환경친화적인 에너지 생산에 기여할 수 있다.

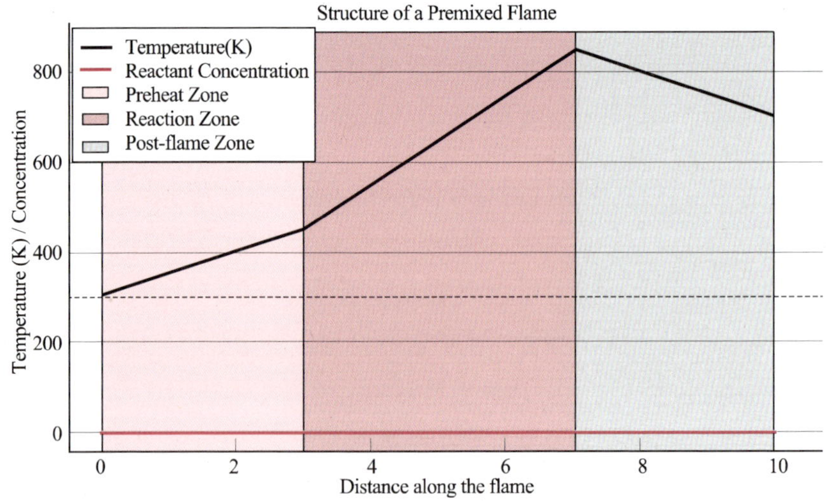

그림 5.1 예혼합 화염의 구조

그림 5.1은 예혼합 화염의 구조를 간략히 나타낸 도식으로서 세 구역(예열대, 반응대, 후연소대)으로 구분되며, 각 구역의 특징은 다음과 같다.

- 예열대(preheat zone, 노란색) : 화염이 형성되기 전 연료와 산화제가 가열되는 영역이다. 온도는 점차 상승하며, 화학반응은 미미하다.
- 반응대(reaction zone, 주황색) : 주 화학반응이 일어나는 영역으로, 온도가 급격히 상승하며 연료가 산화되고 생성물이 형성된다.
- 후연소대(post-flame zone, 회색) : 반응이 대부분 완료된 후, 생성물이 냉각되며 안정된 상태로 전환되는 영역이다.

이 그림에는 온도 분포(빨간색 곡선)와 종 농도(파란색 곡선)가 포함되어 있어 각 구역에서의 변화를 시각적으로 이해할 수 있다.

1.2 가연성 지수/폭발 하한 · 상한 및 화염 전파 이론

1. 폭발 하한(LEL), 폭발 상한(UEL)

- 폭발 하한(LEL, Lower Explosive Limit) : 혼합 가스가 연소 · 폭발을 일으키는 최저 농도 한계

- **폭발 상한(UEL, Upper Explosive Limit)** : 혼합 가스가 연소 · 폭발을 일으키는 최고 농도 한계

농도가 LEL 미만이면 산화제(공기)가 충분해도 연료가 부족하여 점화가 어렵고, UEL 초과에서는 연료가 과잉이므로 혼합되지 않는 부분이 많아 폭발이 어려워진다. 따라서 LEL~UEL 범위 내에서만 점화원을 만나면 폭발성 연소가 발생한다. 소방 현장에서는 이 범위를 가연 범위라 부르며, 가스 누출 모니터링 등에 활용한다.

2. 가연성 지수와 화염 전파 이론

- **가연성 지수** : 연료의 인화점·발화점·폭발한계 등을 종합적으로 나타내는 값으로, NFPA(미국 소방방재협회)의 '화재위험 등급(hazard rating)' 등급화 사례가 대표적이다.
- **화염전파 이론** : 기체 연소 시 화염이 연료 혼합물 속으로 전파되는 메커니즘을 해석하는 학문이다. 자유 라디칼(free radical)의 생성을 비롯해, 발열반응으로 온도가 상승함에 따라 연소 영역이 전파되는 연쇄반응(chain reaction)이 주요 원리이다.

여기서 다루어지는 화염 전파 속도는 층류(laminar) 상태와 난류(turbulent) 상태에 따라 달라진다. 층류화염 속도는 주로 분자 확산에 의해 결정되고, 난류화염 속도는 난류 혼합 · 소용돌이 등에 큰 영향을 받는다.

1.3 기체 연소의 종류

1. 예혼합 연소(premixed combustion)

연료와 산화제가 미리 균일하게 혼합된 상태에서 진행되는 연소 형태로, 가스레인지의 버너 화염이나 휘발유 자동차의 연소실에서 일어나는 과정이 대표적인 예이다. 이 방식에서는 연료와 산화제가 미리 혼합되어 있기 때문에, 연소 영역으로 공급되는 혼합물의 조성이 일정하며, 이는 연소

과정의 안정성과 효율성을 높여준다. 당량비(ϕ)는 예혼합 연소에서 매우 중요한 변수로 작용하는데, 이는 실제 연료-산화제 혼합비를 화학 양론적 혼합비(완전연소를 위한 이론적 혼합비)로 나눈 값이다.

- **당량비가 1에 근접한 경우($\phi \approx 1$)**, 즉 연료와 산화제가 화학 양론적 비율로 혼합된 상태에서는, 예혼합 화염이 가장 균일한 화염 전파 속도를 보이며, 완전연소가 이루어진다. 이때 생성되는 열에너지가 최대화되고, 배출 가스 중의 유해 물질이 최소화된다. 이러한 조건은 연소효율 측면에서 가장 이상적이며, 연소 기기의 설계 시 목표로 하는 상태이다.
- **산화제 부족(부 화염, $\phi > 1$)의 경우**에는 연료가 과잉으로 존재하여 일부 연료가 완전히 연소되지 못하고 배출될 수 있다. 이는 연소온도를 높이고, 일산화탄소(CO)나 탄화수소(HC) 등의 유해 배출물의 증가로 이어진다. 또한, 그을음(soot)의 형성을 촉진하여 대기 오염의 원인이 될 수 있다. 부 화염 상태는 디젤 엔진이나 가스터빈 등에서 발생할 수 있으며, 연소효율 저하와 환경 오염 문제를 일으킨다.
- **산화제 과잉(희박 화염, $\phi < 1$)인 경우**에는 산화제가 연료에 비해 과다하게 존재하여 연소반응이 완전히 진행되지 않을 수 있다. 이에 따라, 화염 온도가 낮아지고, 반응속도가 느려지며, 화염의 안정성이 감소한다. 희박 화염에서는 NOx 등의 질소산화물 배출이 증가할 수 있으며, 화염 이탈이나 소염과 같은 문제가 발생할 수 있다. 그러나 연료 소비를 줄이고 효율을 높이기 위해 희박 연소를 활용하는 경우도 있다.

추가적으로, 예혼합 연소에서는 화염 전파 속도와 화염 두께가 중요한 역할을 한다. 화염 전파 속도는 연료와 산화제의 혼합 상태, 온도, 압력 등에 따라 달라지며, 연소 과정의 효율성과 안정성에 직접적인 영향을 미친다. 난류 예혼합 화염에서는 난류 흐름으로 인해 혼합이 더욱 복잡해지지만, 이는 또한 반응속도를 증가시키고 연소효율을 향상시키는 효과를 가져온다.

예혼합 연소는 가솔린 엔진, 가스터빈, 일부 보일러 시스템 등에서 광범위하게 사용된다. 이 방식은 연소 제어가 용이하고, 고온의 화염을 생성할 수 있어 효율적인 에너지 변환이 가능하다. 그러나 연료와 산화제가 미리 혼합되어 있기 때문에 폭발의 위험성이 존재하며, 이를 방지하기 위한 설계와 안전 시스템이 필수적이다.

1) 예혼합 연소의 장점

- **높은 연소효율** : 연료와 산화제가 균일하게 혼합되어 완전연소가 가능하므로 에너지 효율이 높다.
- **낮은 유해 배출물** : 완전연소로 인해 CO, HC 등의 유해 물질 배출이 감소한다.
- **연소 제어 용이성** : 혼합비와 연소 조건을 제어함으로써 연소반응을 정확하게 조절할 수 있다.

2) 예혼합 연소의 단점

- **폭발 위험성** : 미리 혼합된 가연성 혼합물이 존재하므로 폭발의 위험이 있다.
- **역화 현상** : 화염이 연소실 입구 방향으로 역행하여 연소 기기에 손상을 줄 수 있다.
- **고온 부식** : 고온의 화염으로 인해 연소실 내벽이 부식될 수 있으므로 내열 소재가 필요하다.

2. 확산 연소(diffusion combustion)

연료와 산화제가 연소 영역에서 확산을 통해 자연스럽게 혼합되면서 연소가 진행되는 형태로, 일반적인 캠프파이어, 촛불, 석유램프, 그리고 가스 누출 화재에서 흔히 볼 수 있는 '불꽃 기둥'이 이에 해당한다. 이 방식에서는 연료와 산화제가 별도의 경로로 공급되며, 혼합과 연소가 동시에 이루어진다. 따라서 혼합 과정이 연소반응속도를 지배하게 되며, 이는 연소 특성에 큰 영향을 미친다.

- **예혼합 연소에 비해 화염 경계가 두껍고, 연소 영역이 넓게 형성**된다. 이는 연료와 산화제가 연소 영역에서 서서히 확산되어 혼합되기 때문에, 화염의 구조가 더 복잡하고 반응 영역이 확장된다.

- **반응속도가 상대적으로 느리다** : 확산과정이 혼합 속도의 제한을 받기 때문에, 전체적인 연소속도가 느려진다. 이는 대형 화염이나 지속적인 열원을 필요로 하는 산업 프로세스에서 유리하게 작용할 수 있다.
- **실제 산업 현장에서는 토치, 용접기, 보일러 등에서 확산 연소가 활용**된다. 특히 고체 연료나 액체 연료를 사용하는 경우에 많이 사용되며, 연소의 안정성과 제어가 중요한 곳에서 적용된다. 가스 누출로 인한 화재나 폭발 사고에서도 확산 연소가 주된 메커니즘으로 작용한다.

확산 연소에서는 화염의 모양과 색깔이 예혼합 연소와 다르게 나타난다. 일반적으로 노란색이나 주황색의 밝은 화염을 형성하며, 이는 연료의 불완전연소로 인해 그을음 입자가 생성되기 때문이다. 이러한 그을음은 대기 오염의 원인이 될 수 있으며, 인체 건강에 해로운 영향을 미칠 수 있다.

1) 확산 연소의 장점

- **안전성** : 연료와 산화제가 분리되어 있기 때문에 폭발의 위험성이 낮다.
- **연료의 다양한 적용** : 기체, 액체, 고체 등 다양한 형태의 연료에 적용이 가능하다.
- **단순한 시스템 구성** : 복잡한 혼합 장치 없이도 연소 시스템을 구성할 수 있다.

2) 확산 연소의 단점

- **낮은 연소효율** : 혼합이 완벽하지 않기 때문에 불완전연소가 발생할 수 있으며, 이는 에너지 손실로 이어진다.
- **높은 유해 배출물** : CO, HC, 그을음 등의 유해 물질 배출이 증가한다.
- **반응속도 제어의 어려움** : 혼합과 연소가 동시에 이루어지므로, 연소반응의 정확한 제어가 어렵다.

이를 개선하기 위해 산업 현장에서는 공기 예열, 증기 또는 산소 주입, 촉매 사용 등의 방법을 통해 확산 연소의 효율을 높이고 유해 배출물을 줄이기 위한 노력이 진행되고 있다.

1.4 기체 연소의 연소속도

1. 층류화염 속도

층류화염(laminar flame)은 유체 흐름이 층을 이루어 이동하는 상태에서 발생하는 화염으로, 분자 확산이 지배적인 역할을 한다. 이때 연료와 산화제의 온도, 당량비, 압력, 혼합물의 화학적 성상 등이 화염 속도를 결정하는 주요 요인이다.

- **온도** : 연료 및 산화제의 온도가 높을수록 분자들의 운동에너지가 증가하여 반응속도가 빨라지고, 그 결과 화염 전파 속도가 높아진다. 이는 열역학적 원리에 따라 활성화에너지를 극복하기 위한 에너지 장벽을 낮추는 효과를 가진다.
- **당량비** : 연료와 산화제의 혼합비율을 나타내는 당량비(ϕ)는 연소속도에 큰 영향을 미친다. 당량비가 화학 양론적 비율에 가까울수록 연소반응이 효과적으로 진행되어 화염 속도가 최대로 나타난다. 과부하 또는 희박한 혼합물에서는 연소효율과 화염 속도가 저하된다.
- **압력** : 시스템의 압력이 높아지면 분자들의 밀도가 증가하여 반응 확률이 높아지고, 이는 화염 속도의 증가로 이어진다. 고압 환경에서는 연소반응의 속도가 빨라지고, 이는 엔진이나 터빈 등의 고압 연소 시스템에서 중요한 요소이다.
- **혼합물의 화학적 성상** : 연료와 산화제의 화학적 특성, 예를 들어 분자의 구조나 결합 에너지 등이 연소반응의 활성화에너지에 영향을 주어 화염 속도를 좌우한다. 탄화수소의 종류나 산화제의 성분에 따라 연소 특성이 달라진다.

대표적으로 메테인(CH_4)/공기 혼합물의 층류화염 속도는 표준 조건에서 약 0.35~0.45 m/s 범위에 있다. 온도가 상승하면 반응속도가 증가하여 화염 전파 속도도 높아진다. 이는 산업용 버너나 가스스토브 등에서 중요한 설계 요소로 작용한다.

층류화염은 화염의 두께가 비교적 얇고, 화염의 구조가 균일하여 이론적으로 해석하기 용이하다. 이는 연소공학에서 기본적인 모델로 사용되며,

다양한 응용 분야에서 연소 특성을 이해하는 데 도움을 준다. 또한, 층류 화염의 안정성은 연소 시스템의 효율과 안전에 직접적인 영향을 미치므로 정확한 제어가 필요하다.

2. 난류화염 속도

난류화염(turbulent flame)은 유체 흐름이 무질서하고 소용돌이치는 상태에서 발생하는 화염으로, 난류에 의한 혼합 및 에너지 수송이 지배적인 역할을 한다. 난류는 연료와 산화제가 빠르게 혼합되도록 하여 연소반응을 촉진한다.

- **난류 스케일** : 난류의 특성은 에디(eddy)의 규모와 에너지에 따라 달라진다. 큰 에디는 대류를 통해 혼합을 촉진하고, 작은 에디는 분자 수준에서의 확산을 도와준다. 이러한 다양한 스케일의 에디들이 복합적으로 작용하여 전체적인 연소반응을 촉진한다.
- **화염 두께와 전파 속도** : 난류 환경에서는 화염의 두께가 늘어나고, 전파 속도가 증가한다. 이는 난류 강도에 따라 달라지며, 일반적으로 난류 강도가 강할수록 화염 전파 속도가 빨라진다. 난류화염 속도는 층류화염 속도의 수배에서 수십 배에 이르기도 한다.

난류는 예혼합 화염보다 훨씬 빠른 전파 속도를 가능하게 하며, 이는 산업 현장에서 고출력 연소 시스템이나 내연기관 등에 활용된다. 하지만 난류화염은 화염의 구조가 복잡하고 예측이 어려워, 화재 상황에서는 예기치 않은 현상을 일으킬 수 있다. 예를 들어, 난류로 인해 화염이 갑자기 확산되거나 불안정해질 수 있어 연소 안전에 주의가 필요하다.
난류화염은 연소효율을 높이고 반응속도를 증가시키는 장점이 있지만, 제어가 어렵고 불안정성이 높다는 단점이 있다. 이를 극복하기 위해 다양한 모델링 기법과 제어 기술이 연구되고 있다. 난류 연소 모델은 복잡한 수치 해석과 실험적인 검증이 필요하며, 이는 연소 공학의 중요한 연구 분야이다.

3. 화염 안정화

화염 안정화는 연소 시스템에서 화염이 안정적으로 유지되도록 하는 중요한 요소이다. 화염이 버너나 연소실 내에서 원하는 위치에 안정적으로 존재해야 열효율을 높이고 안전을 확보할 수 있다. 그러나 여러 요인으로 인해 화염의 안정성이 저해될 수 있는데, 대표적인 현상으로 flashback과 blow-off가 있다.

- flashback(역화) : 화염이 버너 내부나 연료 공급 경로로 역류하여 들어가는 현상이다. 이는 가스 속도가 낮거나 연료와 산화제의 혼합 비율이 적절하지 않을 때 발생한다. flashback은 연소 기기 내부의 부품을 손상시키거나 폭발의 위험을 초래할 수 있으므로 반드시 방지되어야 한다. 이를 위해 버너 디자인에서 화염 방지망(flame arrestor)이나 가스 속도 조절 등을 활용한다. 또한, 연료의 희박화 또는 예혼합 구간의 길이를 조절하여 flashback을 예방할 수 있다.
- blow-off(블로우 오프) : 화염이 버너 노즐에서 이탈하여 사라지는 현상으로, 가스 속도가 너무 높거나 연료-공기 혼합물이 희박할 때 발생한다. blow-off는 연소가 중단되어 시스템의 효율을 떨어뜨리고, 재점화 과정에서 문제가 발생할 수 있다. 이를 방지하기 위해 가스 속도를 적절히 조절하고, 연료와 산화제의 혼합비율을 관리해야 한다. 버너의 구조를 개선하여 화염의 안정성을 높이는 방법도 있다.

화염 안정화를 위해서는 연소 조건의 최적화와 버너 설계의 개선이 필요하다. 난류 발생기(turbulator)를 사용하여 화염을 안정화하거나, 예혼합 영역을 조절하여 화염의 위치를 제어하는 등의 방법이 활용된다. 또한, 연소 시스템의 운영 조건을 지속적으로 모니터링하여 flashback이나 blow-off 현상이 발생하지 않도록 관리해야 한다. 첨단 센서와 제어 시스템을 도입하여 실시간으로 연소 상태를 감시하고 조절하는 기술이 발전하고 있다.

2 액체 연소[3)]

2.1 액체 연소의 특성

1. 물성 및 연소 메커니즘

액체 연료는 몇 가지 중요한 물리적 특성을 지니고 있다. 그중에서도 인화점(flash point), 발화점(Autoignition Temperature, AIT), 그리고 연소열(heat of combustion)이 핵심이다.

- **인화점** : 액체 연료가 증기를 방출하여 그 증기가 공기와 혼합되었을 때 외부 점화원에 의해 불이 붙을 수 있는 최저온도를 의미한다. 인화점이 낮을수록 주변 온도에서 증기가 쉽게 발생하므로 화재위험이 높아진다. 예를 들어, 휘발유는 인화점이 -43°C로 매우 낮아 실온에서도 쉽게 증발하여 위험하다.
- **발화점** : 외부 점화원 없이도 연료가 스스로 발화할 수 있는 온도를 말한다. 발화점이 낮은 물질은 고온 환경에서 자연발화의 위험이 있다. 디젤의 발화점은 약 210°C로 휘발유보다 높지만 여전히 주의가 필요하다.
- **연소열** : 연소 과정에서 방출되는 열량을 의미한다. 연소열이 큰 연료는 더 많은 에너지를 방출하여 화재의 규모를 키울 수 있으므로, 연료의 연소열을 아는 것은 화재 예방과 진압에 중요하다.

액체 연소는 증발(evaporation)을 통한 기상화가 핵심 메커니즘이다. 액체 자체가 직접 연소하는 것이 아니라, 액체 표면에서 증발한 가연성 증기가 공기와 혼합되어 연소하는 것이다. 따라서 액체 연소에서는 증발 과정에서의 열 공급이 매우 중요하다. 충분한 열이 없으면 증발이 일어나지 않아 연소가 발생하지 않고, 반대로 과도한 열이 가해지면 급격한 증발로 폭발 위험이 있다.

또한, 액체의 표면적도 중요한 요소이다. 표면적이 넓을수록 증발이 쉬워져 연소속도가 빨라진다. 따라서 유출된 액체가 넓게 퍼지면 화재위험이

3) Drysdale, D. An Introduction to Fire Dynamics (3rd ed.), Wiley, 2011.

더욱 커진다.

2. 액체 연소의 발생 예

- **유류 화재** : 휘발유, 등유, 디젤 등은 우리 생활에서 많이 사용되는 석유계 연료이다. 주유소나 정유 시설에서의 작은 실수나 누출도 큰 화재로 이어질 수 있다. 특히 휘발유는 인화점이 낮아 취급 시 각별한 주의가 필요하다.
- **유기용제 화재** : 알코올, 아세톤, 톨루엔 등은 실험실이나 공장에서 자주 사용되며, 이들 역시 인화점이 낮아 위험하다. 아세톤은 인화점이 -20°C로 실온에서도 증기가 쉽게 발생한다. 이러한 물질들은 증기가 눈에 보이지 않아 더욱 조심해야 한다.
- **고열 유체의 발화 위험** : 산업 현장에서 사용되는 일부 열전달 매체나 고온오일은 냉각수 누설 시 급격한 온도변화로 발화할 수 있다. 이러한 예기치 못한 상황을 방지하기 위해서는 정기적인 설비 점검과 유지보수가 필수적이다.
- **화학반응에 의한 발열** : 일부 액체는 서로 혼합될 때 발열반응을 일으켜 온도가 상승하며, 이에 따라 발화할 수 있다. 따라서 화학물질을 취급할 때는 상호 반응성을 잘 파악하고 적절히 보관해야 한다.

2.2 액체 연소의 종류

액체 연소는 그 메커니즘과 특성에 따라 여러 가지 유형으로 분류할 수 있다. 주요한 액체 연소의 종류로는 증발 연소, 분해 연소, 등심 연소, 분무 연소가 있다. 각각의 연소 방식은 고유한 원리와 특성을 지니며, 이를 이해하는 것은 연소 현상의 전반적인 이해와 안전한 에너지 활용에 필수적이다.

1. 증발 연소(evaporative combustion)

1) 개념 및 정의

증발 연소는 액체 표면에서 발생하는 증기에 의해 이루어지는 연소를 말한다. 이는 일반적으로 "액면 화재"와 유사하며, 액체 자체가 연소하는 것이 아니라 액체가 증발하여 생성된 가연성 증기가 공기 중의 산소와 혼합되어 연소하는 것이다.

2) 특성

- **증발 과정의 중요성** : 증발 연소에서는 액체의 증발이 연소의 핵심 단계이다. 증발한 가연성 증기가 연소에 참여하므로, 증발 속도와 양이 연소속도와 강도를 결정한다.
- **인화점과 증기압의 영향** : 액체의 인화점이 낮을수록 주변 온도에서 쉽게 증발하여 연소 위험성이 높아진다. 또한 증기압이 높을수록 증발 속도가 빨라진다.
- **표면적의 영향** : 액체 표면적이 넓을수록 증발이 용이하여 연소가 촉진된다. 이는 누출된 액체가 넓게 퍼질 경우, 화재위험이 증가함을 의미한다.
- **열 공급의 역할** : 증발 연소에서는 증발에 필요한 열 공급이 중요하다. 외부 열원이나 자체 연소에 의한 열이 액체 표면에 전달되어 증발을 촉진한다.
- **연소의 진행 방식** : 연소는 액체 표면 근처에서 일어나며, 연소생성물이 다시 액체 표면에 열을 전달하여 증발을 지속시키는 형태의 연쇄 과정을 이룬다.

3) 예시

- **휘발유(gasoline)** : 인화점이 약 -43℃로 매우 낮아 실온에서도 쉽게 증발한다. 휘발유의 증기와 공기가 혼합되어 인화성 혼합기가 형성되면 작은 불꽃에도 쉽게 발화한다.
- **알코올(alcohol)** : 에탄올 등은 인화점이 낮아 증발 연소의 위험이 있다. 실험실에서 흔히 사용되며, 증기가 눈에 보이지 않아 더욱 주의가 필요하다.
- **벤젠(benzene)** : 화학 산업에서 사용되며, 인화점이 -11℃로 낮아 증발 연소의 위험성이 높다.

2. 분해 연소(decomposition combustion)

1) 개념 및 정의

분해 연소는 액체가 높은 온도에서 열분해되어 가연성 가스를 생성하고, 이 가스가 연소하는 현상이다. 즉, 액체가 직접 증발하여 연소하는 것이 아니라, 먼저 화학적으로 분해되어 생성된 분해가스가 연소에 참여한다.

2) 특성

- **열분해 과정** : 분해 연소에서는 열에 의해 액체의 분자구조가 파괴되어 작은 분자 또는 가연성 가스로 분해된다. 이때 필요한 온도는 액체의 화학구조에 따라 달라진다.
- **분해 산물의 다양성** : 분해 과정에서 다양한 가연성 가스와 부산물이 생성될 수 있으며, 이는 연소의 특성에 영향을 미친다.
- **연소온도의 영향** : 높은 온도에서 분해반응이 촉진되므로, 연소 환경의 온도가 중요한 요인으로 작용한다.
- **연소속도와 강도** : 생성된 가연성 가스의 양과 특성에 따라 연소속도와 강도가 결정된다.

3) 예시

- **중유(heavy oil)** : 산업용 연료로 사용되는 중유는 복잡한 고분자 탄화수소로 구성되어 있으며, 연소 시 열분해 과정을 거쳐 가연성 가스를 생성한다.
- **타르(tar)** : 목재나 석탄의 건류 과정에서 생성되는 타르는 높은 온도에서 분해되어 연소한다.
- **고분자 열전달 매체** : 산업 공정에서 사용되는 일부 열전달 유체는 고온에서 분해되어 가연성 가스를 생성할 수 있다.

3. 등심 연소(wick combustion)

1) 개념 및 정의

등심 연소는 액체 연료가 심지(wick)를 통해 모세관 현상으로 끌어올려져 연소하는 방식을 말하며 **심지 연소**라고도 한다. 심지는 액체 연료를 지속적으로 공급하는 역할을 하며, 연소는 심지의 끝부분에서 일어난다.

2) 특성

- **모세관 현상** : 심지 내부의 섬유 구조를 따라 액체 연료가 위로 이동한다. 이는 액체의 표면 장력과 심지의 모세관 효과에 의해 발생한다.
- **안정적인 연소** : 연소 영역이 심지의 끝부분으로 고정되어 있어 일정한 밝기와 열량을 제공한다.
- **연소 제어 용이성** : 심지의 길이나 굵기를 조절하여 연소속도와 강도를 조절할 수 있다. 연료 공급이 안정적이므로 연소가 비교적 안정적이다.
- **연료의 선택** : 등심 연소에는 일반적으로 점도가 낮고 표면 장력이 적절한 연료가 사용된다. 이러한 연료는 심지를 통해 원활하게 이동할 수 있다.

3) 예시

- **촛불(candle)** : 밀랍이나 파라핀 등으로 만든 초는 심지를 통해 연료를 공급받아 연소한다. 심지 끝에서 연료가 증발하고, 증발한 가연성 증기가 연소에 참여한다.
- **램프(lamp)** : 석유램프나 알코올램프 등은 심지를 통해 연료를 공급하여 빛과 열을 발생시킨다.
- **캠핑용 난로** : 휴대용 난로 중 일부는 등심 연소 방식을 이용하여 연료를 연소시킨다.

4. 분무 연소(spray combustion)

1) 개념 및 정의

분무 연소는 액체가 노즐 등을 통해 미세한 액적(droplet) 형태로 분사되기 때문에 **액적 연소**라고도 하며, 공기와 혼합되어 연소하는 현상이다. 연료가 미세하게 분무하면서 공기와의 접촉 면적이 증가하여 효율적인 연소가 가능해진다.

2) 특성

- **미세 입자 분사** : 액체 연료를 미세 입자로 분산시켜 공기와의 혼합을 최적화한다. 이는 노즐의 설계와 분사 압력에 의해 결정된다.

- **높은 연소효율** : 공기와의 접촉 면적이 크게 증가하여 연소반응이 촉진되고, 완전연소에 가까운 상태를 달성할 수 있다.
- **빠른 연소속도** : 미세 입자는 열전달 면적이 넓어 연소속도가 빠르며, 높은 온도의 열에너지를 생성할 수 있다.
- **연소 제어의 복잡성** : 연소 조건이 복잡하고 다양한 변수에 영향을 받으므로, 정밀한 제어가 필요하다.

3) 예시

- **산업용 보일러** : 대규모 발전소나 공장에서 사용되는 보일러는 분무 연소를 통해 연료를 연소시켜 증기를 생산한다.
- **가스터빈 엔진** : 항공기나 발전 설비에 사용되는 가스터빈은 분무 연소를 통해 고온, 고압의 가스를 생성하여 터빈을 구동한다.
- **내연기관** : 자동차나 선박의 엔진에서 연료 분사 장치를 통해 연료를 분무하고 연소하여 동력을 얻는다.

표 5.1 액체 연소의 종류별 특성 비교

연소 방식	주요 메커니즘	특성 및 특징	예시
증발 연소	• 액체 표면에서 증발한 증기의 연소	• 인화점과 증기압이 중요, 표면적이 연소속도에 영향	• 휘발유 화재, 알코올 화재
분해 연소	• 열분해된 가연성 가스의 연소	• 높은 온도에서 화학적 분해, 분해 산물이 연소에 참여	• 중유 연소, 타르 연소
등심 연소	• 심지를 통한 모세관 현상과 연소	• 안정적인 연소, 연소 강도 조절 용이	• 촛불, 램프, 캠핑용 스토브
분무 연소	• 미세 입자로 분사된 연료의 연소	• 높은 연소효율, 빠른 연소속도, 연소 제어의 복잡성	• 보일러, 가스터빈, 내연 기관

2.3 화염 높이

화염 높이는 연소 현상에서 중요한 물리적 특성으로, 화염의 규모와 연소의 강도를 나타내는 지표이다. 특히 액체 연료의 연소에서는 화염 높이가 주변 환경과 안전성에 큰 영향을 미치므로, 이에 대한 이해가 필수적이다.

1. 액면 화재의 화염 높이

액체 연료가 풀(pool) 형태로 연소할 때, 즉 액체 연료가 넓은 액면을 이루며 연소하는 경우를 액면 화재라고 한다. 이러한 액면 화재에서의 화염 높이는 여러 요인에 의해 결정되며, 주요한 영향 요소는 다음과 같다.

1) 연료의 유량(증발률)

증발률은 액체 연료가 단위 시간당 증발하여 기체 상태로 전환되는 속도를 의미한다. 증발률이 높을수록 가연성 증기의 발생량이 많아져 연소반응이 활발해지고, 그 결과 화염 높이가 증가한다.

2) 화염 속도

화염 속도는 연소파가 연소하지 않은 혼합물 속으로 전파되는 속도를 말한다. 화염 속도가 빠를수록 연소 영역이 빠르게 확장되어 화염 높이가 높아진다.

3) 주변 유동 조건

주변 유동 조건은 화염 주위의 공기 흐름이나 바람 등의 환경을 의미한다. 공기의 흐름이 강하면 산소 공급이 원활해져 연소가 촉진되거나, 반대로 화염이 휘어져 불안정해질 수 있다. 무풍 상태에서는 화염이 수직으로 상승하여 일정한 높이를 유지하지만, 바람이 있을 경우 화염의 형태와 높이가 변동된다.

대표적으로 Zukoski 등이 제안한 식이 자주 사용된다.

$$L_f \approx 0.23Q^{2/5} \tag{5.1}$$

여기서, L_f는 화염 높이(m), Q는 방출률(kW)이다. 이 식은 액면 화재에서 열 방출률이 증가할수록 화염 높이가 비례적(2/5 지수)으로 증가함을 의미한다.

액면 화재의 직경이 증가하면 액체 연료의 증발 면적이 넓어져 증발률과 열 방출률이 증가한다. 하지만 일정 크기 이상이 되면 화염 내부의 산소 부족으로 연소효율이 떨어질 수 있으며, 이에 따라 화염 높이가 더 이상 증가하지 않는 플래토(plateau) 현상이 나타날 수 있다.

2. 열 방출률(Heat Release Rate, HRR)과 화염 높이

열 방출률은 연료가 단위 시간당 방출하는 열량으로, 연소 과정에서 발생하는 총에너지의 양을 의미한다. 열 방출률은 화재의 규모와 세기를 나타내는 핵심 지표로서, 화염 높이와 밀접한 관련이 있다.

1) 열 방출률의 정의

열 방출률은 다음과 같이 정의된다.

$$\dot{Q} = \dot{m}\Delta H_c \tag{5.2}$$

여기서, $\dot{Q}$는 열 방출률(kW), $\dot{m}$은 연료의 질량 연소속도(kg/s), ΔH_c는 연료의 연소열 (kJ/kg)인데 이와 같이 열 방출률은 단위 시간당 연소한 연료의 양에 그 연료의 연소열을 곱하여 계산한다.

2) 열 방출률과 화염 높이의 관계

(1) 열 방출률 증가 시 화염 높이 상승

연료의 질량 연소속도가 증가하거나 연소열이 큰 연료를 사용할 경우 열 방출률이 높아진다. 열 방출률이 높아지면 연소 과정에서 방출되는 에너지가 많아져 화염이 더욱 강해지고, 이에 따라 화염 높이가 상승한다.

(2) 온도상승과 증발 촉진

높은 열 방출률로 인해 화염의 온도가 상승하면, 화염에서 방출되는 복사열이 증가하여 액체 연료의 증발을 더욱 촉진한다. 이는 다시 연소를 강화시키는 양의 피드백을 형성한다.

3) 열 방출률의 중요성

(1) 화재 특성 파악

열 방출률은 화재의 진행 속도, 열 방출 규모, 연기 발생량 등을 결정하는 핵심 요소로, 화재의 위험성을 평가하는 데 필수적이다.

(2) 연소 모델링

정확한 열 방출률 값은 화재 시뮬레이션 및 연소 모델링에서 정확한 예측을 가능하게 한다.

4) 실험적 관계

실험적으로 열 방출률과 화염 높이 사이의 관계는 다음과 같은 형태로 나타난다.

$$L_f = K\dot{Q}^{\alpha} \tag{5.3}$$

여기서, L_f는 화염 높이(m), $\dot{Q}$는 열 방출률(kW), K와 α는 실험적으로 결정되는 상수로서 α는 일반적으로 0.4에서 0.6 사이의 값을 가지며, 이는 열 방출률이 증가함에 따라 화염 높이가 비례적으로 증가함을 의미한다.

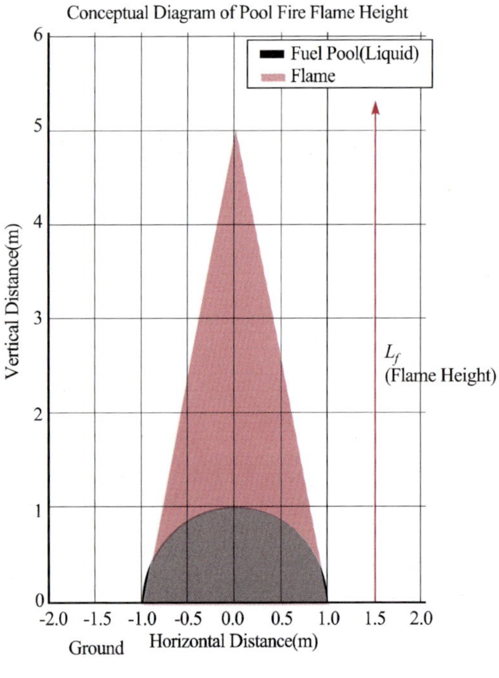

그림 5.2 액면 화재의 화염 높이 개념도

그림 5.2는 액면 화재의 화염 높이 개념도를 간략히 나타낸 것으로서 주요 구성은 다음과 같다.

- **연료 풀(fuel pool)** : 지면 위의 원형 연료 영역을 나타내며, 그림에서는 파란색 원으로 표시
- **화염(flame)** : 연료 풀 위로 형성된 화염으로, 삼각형 형태로 표현되었으며 화염의 높이 L_f는 연료의 열 방출률과 연관이 있음
- **화염 높이 표시** : L_f는 화염의 정점까지의 수직 거리로, 화염 크기의 주요 지표이며 그림에서는 화살표와 텍스트로 강조

2.4 액체 연료의 연소 과정

액체 연료의 연소는 여러 단계로 이루어지며, 각 단계는 연소 현상의 시작부터 유지까지 중요한 역할을 한다. 액체 연료의 연소 과정은 가열, 증발, 혼합 및 발화, 연소 및 화염 유지의 단계를 거치며, 각 단계는 연소 현상의 진행과 특성에 직접적인 영향을 준다.

- **가열 단계**에서는 충분한 열이 공급되어 액체 연료가 증발할 수 있는 조건이 마련된다.
- **증발 단계**에서는 액체가 증기로 변환되어 가연성 혼합물을 형성할 준비를 한다.
- **혼합 및 발화 단계**에서는 증기와 산소의 혼합물이 점화원에 의해 발화하며 연소반응이 시작된다.
- **연소 및 화염 유지 단계**에서는 열 피드백 메커니즘을 통해 연소가 지속되며, 화염이 유지된다.

이러한 단계들은 서로 밀접하게 연결되어 있으며, 하나의 단계에서의 변화는 전체 연소 과정에 영향을 미칠 수 있다.

1. 액체 연소 과정의 중요성

액체 연료의 연소 과정에 대한 이해는 다음과 같은 분야에서 중요하다.

- 화재 안전관리 : 액체 연료를 취급하는 시설에서의 화재 예방과 대응 전략 수립에 활용된다.
- 연소 시스템 설계 : 연소 엔진, 보일러 등에서 효율적인 연소를 위한 시스템 설계에 적용된다.
- 환경 영향 평가 : 연소 과정에서의 배출물 관리 및 저감 대책 수립에 기여한다.
- 에너지 효율 향상 : 연소 과정의 최적화를 통해 에너지 사용 효율을 높일 수 있다.

2. 가열

연소의 첫 단계는 가열이다. 초기 점화원이 액체 연료의 표면에 열을 공급하여 액체의 온도를 상승시킨다. 이때 액체 온도가 해당 연료의 인화점 이상으로 상승하면, 액체 표면에서 가연성 증기가 충분히 발생하게 된다.

- **점화원** : 점화원은 연소를 시작시키는 에너지 공급원으로, 대표적으로 불꽃, 스파크, 고온 표면 등이 있다. 작은 스파크라도 적절한 조건에서 연소를 유발할 수 있다.
- **인화점** : 인화점은 액체 연료가 증기를 방출하여 그 증기가 공기와 혼합되었을 때 외부 점화원에 의해 발화될 수 있는 최저온도이다. 액체의 인화점은 연료의 종류에 따라 다르며, 인화점이 낮을수록 주변 온도에서 쉽게 연소 위험이 있다.

가열 단계에서 중요한 것은 액체 표면에 충분한 열이 공급되어 증발이 촉진될 수 있는 온도에 도달하는 것이다.

3. 증발

액체 표면에서 증발이 일어나면서 가연성 증기가 발생한다. 이 증기는 주변 공기와 혼합되어 연소에 참여하게 된다. 증발 속도는 다음과 같은 요인에 의해 영향을 받는다.

- **액체의 증기압** : 증기압이 높을수록 증발이 용이하다. 이는 분자 간 인력이 약하여 액체 분자가 쉽게 증기로 변환될 수 있음을 의미한다.
- **액체 표면온도** : 온도가 높아질수록 분자 운동 에너지가 증가하여 증발 속도가 빨라진다.
- **주변 열 유입** :
  ① **대류 열전달** : 주변 공기의 흐름에 의해 열이 전달된다. 대류가 활발하면 열이 더 쉽게 전달되어 증발이 촉진된다.
  ② **복사 열전달** : 화염이나 주변 열원으로부터의 복사 에너지가 액체 표면에 전달된다.
- **주변 압력** : 대기압이 낮을수록 증발이 용이하다.

증발 단계에서는 액체가 직접 연소하지 않고, 증발한 증기가 연소 과정에 참여한다는 점이 중요하며, 따라서 증발은 액체 연소에서 필수적인 과정이다.

4. 혼합 및 발화

증발하여 발생한 가연성 증기는 대기 중의 산소와 혼합된다. 이 혼합물이 폭발 하한(Lower Explosive Limit, LEL) 이상의 농도에 도달하면, 점화원과 접촉했을 때 발화가 시작된다.

- **폭발 한계** : 가연성 가스와 공기의 혼합물은 특정 농도 범위에서만 연소나 폭발이 가능하다. 이 범위의 하한을 폭발 하한, 상한을 폭발 상한(Upper Explosive Limit, UEL)이라고 한다.
- **혼합비** : 연료증기와 공기의 혼합비는 연소의 효율과 안정성에 영향을 준다. 최적의 혼합비일 때 가장 안정적인 연소가 가능하다.
- **점화원과 발화** : 혼합물이 폭발 하한 이상의 농도일 때, 점화원의 에너지가 혼합물의 발화에너지를 넘으면 연소반응을 시작한다.

발화는 연소 과정의 핵심적인 순간으로, 연소반응이 시작되어 화염이 형성된다.

5. 연소 및 화염 유지

발화 이후 생성된 화염은 다시 액체 표면을 가열하게 된다. 이에 따라 추가로 증기가 발생하며, 연소가 지속된다. 이 과정을 열 피드백 메커니즘이라고 하며, 연소를 지속시키는 핵심 요소이다.

- **열 피드백 메커니즘** :
  ① **복사열** : 화염에서 방출되는 복사 에너지가 액체 표면에 도달하여 가열한다.
  ② **대류열** : 화염 주변의 뜨거운 기체가 액체 표면에 열을 전달한다.
- **증기의 지속적인 발생** : 열 피드백으로 인해 액체 표면의 온도가 유지되거나 상승하여 증발이 계속된다.
- **연소의 지속성** : 연소는 연료가 소진되거나 주변 환경 조건이 변화하여 열 피드백이 끊어질 때까지 지속된다.
- **화염의 특성 변화** : 연소 과정에서 연료의 양, 주변 조건 등에 따라 화염의 크기, 색상, 모양 등이 변할 수 있다.

연소 및 화염 유지 단계에서는 연소반응이 안정적으로 지속되며, 이는 연소 시스템의 설계나 화재의 확산 등에 중요한 영향을 미친다.

3 고체 연소[4)]

3.1 고체 연소의 특성

고체 연소는 열분해를 통한 가연성 기체의 생성과 그 기체가 산소와 반응하여 연소하는 과정을 거친다. 반응이 일어나는 상에 따라 고상 반응, 액상 반응, 기상 반응으로 구분되며, 이는 연소속도, 열 방출률, 화염의 형성 등에 영향을 미친다.

연소 과정에서 주목해야 할 사항은 다음과 같다.

- **열전달 메커니즘의 이해** : 고체 내부로의 열전달 방식은 연소의 진행에 큰 영향을 미친다.
- **화학반응의 특성** : 연료의 화학적 구성과 산소와의 반응성은 연소 특성을 결정한다.
- **안전성 고려** : 연소 과정에서 발생하는 열과 가스는 화재위험을 증가시키므로, 이를 제어하는 것이 중요하다.

1. 열분해(thermal decomposition)

고체는 직접적으로 기상에서 연소하지 못한다. 이는 고체 상태에서 분자들의 움직임이 제한되어, 산소 분자와의 충돌이 원활하지 않기 때문이다. 이러한 이유로 고체 연료는 외부 열원에 의해 가열되어야 한다. 가열된 고체 내부에서는 열분해 과정이 진행되며, 이때 고체의 화학결합이 파괴되어 가연성 기체를 생성한다. 이 가연성 기체는 고체 표면을 통해 방출되어 공기 중의 산소와 접촉하고, 그 결과 연소반응이 일어난다.

4) SFPE (Society of Fire Protection Engineers), SFPE Handbook of Fire Protection Engineering (5th ed.), SFPE, 2016.

즉, 고체 연소의 본질적인 메커니즘은 고체 자체의 연소가 아니라, 고체로부터 발생한 가연성 기체의 연소라고 할 수 있다. 이러한 과정은 복잡한 열역학 및 화학반응을 포함하며, 연소의 효율과 특성은 여러 요인에 의해 영향을 받는다.

1) 열분해 과정의 주요 특징

- **온도의 영향** : 열분해는 온도에 크게 의존한다. 온도가 높을수록 고체의 열분해 속도가 빨라지고, 가연성 기체의 방출량이 증가한다.
- **고체의 화학구조** : 고체 연료의 분자구조와 화학적 결합 에너지는 열분해의 용이성에 영향을 준다. 예를 들어, 목재와 같은 천연고분자는 셀룰로오스와 리그닌으로 구성되어 있어 비교적 낮은 온도에서도 열분해가 시작된다.
- **열 안정성** : 석탄이나 코크스처럼 탄소 함량이 높고 구조가 안정한 물질은 높은 온도에서도 열분해 속도가 느리다. 이는 이들 물질의 강한 화학결합 때문이다.
- **생성물의 다양성** : 열분해 과정에서 생성되는 가연성 기체의 구성은 고체 연료의 종류에 따라 다르다. 메테인, 에틸렌, 프로페인 등 다양한 탄화수소 가스가 발생할 수 있다.

2) 열분해의 단계적 과정

- **가열 단계** : 외부 열원에 의해 고체 연료의 온도가 상승한다.
- **화학결합의 파괴** : 일정 온도에 도달하면 고체 내부의 화학결합이 열에 의해 끊어진다.
- **저분자화합물의 생성** : 분해된 조각들이 저분자화합물로 전환된다.
- **가연성 기체의 방출** : 생성된 저분자화합물이 기체 형태로 방출된다.
- **공기와의 혼합** : 방출된 가연성 기체는 공기 중의 산소와 혼합되어 연소를 준비한다.

3) 예시

- **목재의 열분해** : 목재는 약 200°C부터 열분해가 시작되어, 타르, 메테인올, 아세트산 등의 물질을 생성한다. 이러한 물질들은 가연성이며, 연소

시 열과 빛을 방출한다.

- **합성수지의 열분해** : 폴리프로필렌(PP)이나 폴리스타이렌(PS) 등은 열분해 시 다양한 탄화수소 가스를 방출하며, 이는 연소에 참여한다.

4) 열분해에 영향을 미치는 요인

- **입자 크기** : 고체 연료의 입자 크기가 작을수록 표면적이 증가하여 열분해가 용이하다.
- **열전달 방법** : 전도, 대류, 복사 등의 열전달 방식은 열분해 속도에 영향을 준다.
- **환경 조건** : 주변 압력, 산소농도 등은 열분해 및 연소 과정에 영향을 미친다.

2. 고상 · 액상 · 기상 반응

고체 연소는 반응이 일어나는 상에 따라 크게 세 가지로 분류할 수 있다. 이는 연소 과정에서 에너지가 전달되고, 연료와 산화제가 상호 작용하는 방식에 따라 구분된다.

표 5.2 고상, 액상, 기상 반응의 비교

반응 유형	반응 위치	연소속도	화염 유무	예시
고상 반응	고체 표면	느림	화염 없이 백열 현상	숯, 코크스
액상 반응	액화된 고체의 증발층	중간	안정적인 화염	양초(파라핀), 열가소성 플라스틱
기상 반응	가연성 기체와 공기	빠름	뚜렷한 화염	목재, 종이, 합성수지

1) 고상 반응

고상 반응은 고체 표면에서 산소와 직접 반응하는 형태이다. 이때 산소 분자는 고체 표면에 흡착되어 화학반응을 일으킨다. 이러한 반응은 일반적으로 화염 없이 진행되며, 고체 표면이 붉게 빛나는 백열(glow) 현상이 나타난다.

(1) 특징

- **산소 공급의 제한** : 고체 표면에서만 반응이 일어나므로, 산소의 공급이 연소속도를 결정한다.
- **낮은 연소속도** : 산소의 확산 속도가 느려서 연소속도가 비교적 느리다.
- **열전도도의 영향** : 고체 내부로의 열전달이 중요하며, 고체의 열전도도가 연소 과정에 영향을 미친다.

(2) 예시

- **숯(char coal)의 연소** : 숯은 숯불구이에 사용되며, 고체 탄소가 산소와 반응하여 CO와 CO_2를 생성한다.

$$C(s) + O_2(g) \rightarrow CO_2(g)$$

- **코크스의 연소** : 제철 공정에서 사용되며, 철광석을 환원시키는 데 필요한 열을 제공한다.

2) 액상 반응

액상 반응은 고체가 가열되어 녹아서 액상으로 전이된 후, 이 액체 상태에서 증발한 가연성 증기가 연소에 참여하는 형태이다.

(1) 특징

- **융해 과정** : 고체가 높은 온도에서 녹아 액체가 된다.
- **증발 및 연소** : 액체 상태의 연료가 증발하여 가연성 기체를 생성하고, 이 기체가 산소와 반응하여 연소한다.
- **안정적인 화염 형성** : 연소 과정이 비교적 안정적이며, 연소속도를 제어하기 쉽다.

(2) 예시

- **양초의 파라핀 연소**
  ① **과정** : 심지의 열에 의해 파라핀이 녹아 액체가 되고, 액체 파라핀이 심지를 통해 상승하여 증발한다. 증발한 파라핀 기체는 공기 중의 산소와 반응하여 연소한다.
  ② **특징** : 일정한 밝기의 불꽃이 형성되며, 연소가 지속적으로 유지된다.

- 열가소성 플라스틱의 연소
  ① 과정 : 가열되면 플라스틱이 녹아 액체 상태로 전이된다. 이때 액체 플라스틱이 증발하여 가연성 기체를 방출한다.
  ② 예시 : 폴리에틸렌(PE), 폴리프로필렌(PP) 등의 열가소성 플라스틱

3) 기상 반응

기상 반응은 고체가 열분해를 통해 발생한 가연성 기체가 공기 중의 산소와 반응하는 형태이다. 이 반응은 고체 연소에서 가장 일반적인 메커니즘으로, 대부분의 고체 연료가 이 과정을 거쳐 연소한다.

(1) 특징

- 열분해의 중요성 : 고체가 직접 연소하지 않고, 열분해를 통해 가연성 기체를 생성한다.
- 혼합 및 연소 : 생성된 가연성 기체와 산소가 혼합되어 연소한다.
- 화염의 형성 : 기상에서의 연소이므로 뚜렷한 화염이 나타난다.

(2) 예시

- 목재의 연소 :
  ① 과정 : 목재는 열분해를 통해 메테인, 에틸렌 등 다양한 가연성 기체를 방출한다. 이 기체들이 산소와 반응하여 연소한다.
  ② 특징 : 밝은 불꽃과 함께 열과 빛을 방출하며, 연소 과정에서 그을음이 발생하기도 한다.
- 종이의 연소 :
  ① 과정 : 셀룰로오스로 구성된 종이는 열분해를 통해 가연성 기체를 생성하고, 기상에서 연소한다.
  ② 특징 : 빠른 연소속도를 보이며, 재가 남는다.

3.2 고체 연소의 종류

1. 표면연소(surface combustion)

표면연소는 고체 연료의 표면에서 산소와 직접 반응하여 연소하는 형태이다. 대표적인 예로 숯과 코크스가 있다. 이들은 내부에 많은 탄소를 함

유하고 있어, 표면에서의 산화반응을 통해 열을 방출한다.

1) 연소 특징

- 화염 없이 진행되며, 표면이 붉게 빛나는 백열(glowing combustion) 현상이 나타난다. 이는 온도가 높아진 고체 표면이 적외선 및 가시광선을 방출하기 때문이다.
- 산소가 표면에 직접 접촉하여 반응하므로, 산소 공급이 연소속도를 좌우한다. 주변 공기의 흐름이나 산소농도가 중요하게 작용한다.
- 연소속도가 비교적 느리며, 열 방출률이 낮다. 이는 고체 내부로의 산소 침투가 어렵기 때문이다.
- 일산화탄소 등의 유해 가스가 발생할 수 있으므로, 환기가 중요하다.
- 탄소가 산소와 반응하여 일산화탄소와 이산화탄소를 생성한다.

$$C(s) + \frac{1}{2}O_2(g) \rightarrow CO(g)$$
$$CO(g) + \frac{1}{2}O_2(g) \rightarrow CO_2(g)$$

2) 응용 분야

- **숯불구이 등 식품 조리** : 숯은 안정적인 온도로 열을 제공하여 음식의 맛을 향상시킨다.
- **발열체로서의 사용** : 난방용 탄으로 실내 온도를 유지하는 데 사용된다. 전통적인 난방 방식 중 하나이다.
- **산업용 열원** : 특정 공정에서 필요한 저온 열원으로 활용된다.

2. 내부 연소(internal/volume combustion)

내부 연소는 고체 내부로 산화제가 침투하여 내부 조직 전체에서 연소반응이 진행되는 형태이다.

1) 연소 특징

- 고체 내부가 다공성(porous) 구조를 가지거나, 미세한 구조로 인해 산화제가 내부로 침투할 수 있다. 이는 고체 내부의 표면적 증가로 연소를

촉진한다.

- 연소반응이 고체 전체에서 발생하므로, 연소속도가 빠르고 열 발생량이 크다. 이는 단위 시간당 많은 연료가 연소하기 때문이다.
- 불균일한 연소가 일어날 수 있어 연소 거동이 복잡하다. 이는 구조적인 불균일성이나 산화제의 분포 차이 때문일 수 있다.
- 내부에서 반응이 진행되므로, 연소속도를 정확히 제어하기 어렵다.
- 우주 항공 분야에서 로켓 추진체로 사용되며, 군수 산업에서도 활용된다.

2) 예시

- **고형 추진제(propellant)** : 로켓 엔진 등에 사용되며, 연료와 산화제가 고체 내에 함께 포함되어 있다. 내부 연소를 통해 강력한 추진력을 제공한다.
- **다공성 탄소 소재** : 특정 산업 공정에서 사용되며, 내부로 산화제가 침투하여 연소효율을 높인다.

3. 분해 연소(decomposition combustion)

분해 연소는 고체가 열분해되어 발생한 분해가스가 표면이나 내부에서 발화하며 진행되는 형태이다.

1) 연소 특징

- 외부 열원에 의해 고체가 열분해되며, 가연성 기체와 액체를 생성한다.
- 생성된 가스와 액체가 표면이나 주변에서 발화하여 연소를 진행한다.
- 열분해 속도와 연소속도가 상호 영향을 미쳐, 복잡한 연소 거동을 보인다.
- 열분해 과정에서 유독성 가스가 발생할 수 있으므로, 적절한 처리와 관리가 필요하다.
- 온도 조절과 환기 등을 통해 열분해와 연소속도를 관리한다.

2) 예시

- **목재 연소** : 목재는 열분해를 통해 타르(tar), 메테인, 일산화탄소 등을 생성하며, 이들이 연소에 참여한다.
- **폐기물 소각** : 다양한 고형 폐기물이 열분해되어 발생한 가연성 가스를 연소시켜 처리한다.

4. 증발 연소(evaporative combustion)

증발 연소는 고체가 가열되어 녹은 뒤, 액화 상태를 거쳐 증기로 전이되어 연소하는 형태이다.

1) 연소 특징

- 고체가 융해점 이상으로 가열되어 액체 상태가 된다.
- 액체가 증발하여 가연성 증기를 생성하고, 이 증기가 연소한다.
- 안정적인 화염을 형성하며, 연소속도가 비교적 일정하다.
- 조명 기구, 캠핑용 난로 등에서 활용된다.
- 액체 상태에서의 연소이므로, 화염의 크기와 연소속도를 비교적 쉽게 조절할 수 있다.

2) 예시

- **양초의 파라핀 연소** :
  ① **과정** : 파라핀이 녹아 액체가 되고, 이 액체가 심지를 따라 상승하여 증발한다. 증발한 파라핀 증기가 산소와 반응하여 연소한다.
  ② **특징** : 일정한 밝기의 불꽃이 유지되어 조명으로 사용된다.
- **열가소성 플라스틱** :
  ① **과정** : 열에 의해 녹아서 액체 상태로 변하고, 이후 증발하여 가연성 가스를 생성한다.
  ② **예시** : 폴리에틸렌(PE), 폴리프로필렌(PP) 등이 있다.

5. 자기연소(self-sustained combustion)

자기연소는 고체 물질 내부에 산화제가 포함되어 있어 외부 공기 공급 없이도 연소가 지속되는 형태이다.

1) 연소 특징

- 연료와 산화제가 고체 내에 균일하게 분포되어 있다.
- 산소 공급에 제한을 받지 않으므로, 높은 연소속도를 보인다.
- 연소 제어가 어려울 수 있으며, 위험성이 높다.

- 폭발 위험이 있으므로, 저장 및 취급 시 특별한 주의가 필요하다.
- 군수품, 발파 작업, 신호탄 등에서 사용된다.

2) 예시

- 로켓 추진제 :
  ① **구성** : 고체 연료와 산화제가 함께 포함되어 있다.
  ② **특징** : 외부 산소에 의존하지 않고 자체 연소하여 강력한 추진력을 제공한다.
- **화약** : 흑색화약 등은 연료와 산화제가 혼합되어 있어, 외부 산소 없이도 연소가 가능하다.

6. 고분자 연소(polymer combustion)

고분자 연소는 합성수지, 플라스틱, 섬유 등 고분자 소재가 열분해 과정에서 다량의 가연성 가스와 유독가스를 발생시키며 연소하는 형태이다.

1) 연소 특징

- 고분자 사슬이 열에 의해 분해되어 다양한 화합물을 생성한다.
- 생성된 가연성 가스가 연소에 참여하며, 연소 과정에서 유독가스가 방출될 수 있다.
- 열적 안정성에 따라 연소 거동이 다르다.
- 고분자 소재에 난연제를 첨가하여 연소를 지연시키거나 차단할 수 있다.
- 연소 시 발생하는 유독가스와 그을음이 환경과 인체에 해로울 수 있다.

2) 예시

- PVC(폴리염화바이닐) :
  ① **특징** : 연소 시 염화수소(HCl)를 방출하여 유독하며, 부식성이 있다.
  ② **응용** : 건축 자재, 전선 피복 등에 사용된다.
- 폴리스타이렌(PS) :
  ① **특징** : 열분해 시 스타이렌 단량체를 방출하며, 그을음을 많이 생성한다.
  ② **응용** : 포장재, 일회용 용기 등에 사용된다.

- 폴리프로필렌(PP) :
  ① **특징** : 비교적 높은 온도에서 열분해가 시작되며, 연소속도가 빠르다.
  ② **응용** : 자동차 부품, 섬유 등에 사용된다.

7. 금속 연소(metallic combustion)

일부 금속은 고온에서 산소와 반응하여 격렬한 연소를 보인다.

1) 마그네슘(mg)

(1) 특징

- 가벼운 금속으로, 불꽃을 내며 밝게 연소한다.
- 연소 시 자외선을 다량 방출한다.

(2) 주의 사항

- **소화 시 물 사용 금지** : 물과 반응하여 수소 가스를 발생시키므로 위험하다.
- **소화 방법** : 모래나 특수 분말 소화제를 사용한다.

(3) 응용 분야

- **플래시** : 과거 사진 촬영 시 강한 빛을 얻기 위해 사용되었다.
- **합금 재료** : 경량화가 필요한 항공기나 차량 부품에 활용된다.

2) 알루미늄(Al)

(1) 특징

- 분말 상태에서 연소하면 높은 온도의 화염을 발생시킨다.
- 산화철과의 테르밋 반응을 통해 강력한 열을 발생시킨다.

(2) 테르밋 반응

- 반응식 : $Fe_2O_3 + 2Al \rightarrow 2Fe + Al_2O_3 + heat$
- 특징 : 약 2,500℃ 이상의 고온을 생성하며, 용접 등에 사용된다.

(3) 응용 분야

- **용접 작업** : 레일이나 중장비의 수리에 활용된다.
- **군수품** : 열 생산 무기로 사용된다.

3.3 고체 연소의 단계별 분석

1. 단계별 거동

1) 가열

- 외부 열원(화염, 복사열, 전기열 등)이 고체 표면을 가열한다.
- 고체의 열전도도와 열용량에 따라 가열 속도가 결정된다.
- 고체의 초기 온도 분포와 열원과의 거리도 가열 속도에 영향을 미친다.
- 고체 표면의 물리적 특성(예 열전도도, 비열, 밀도 등)에 따라 열이 고르게 분포되지 않을 수 있다.

2) 열분해

- 고체 내부의 고분자 사슬이나 화학구조가 열에 의해 분해된다.
- 열분해 생성물로는 가연성 기체, 타르, 탄화물 등이 있다.
- 열분해는 고체의 화학적 구조와 열분해 온도에 따라 달라진다.
- 열분해 과정에서 생성된 가연성 기체는 연소의 주된 연료로 작용한다.
- 열분해 속도는 가열 속도와 외부 열원의 강도에 따라 달라진다.

3) 혼합 및 발화

- 발생한 가연성 기체가 공기 중의 산소와 혼합된다.
- 혼합물이 폭발 한계 내의 농도를 형성하면, 점화원에 의해 발화한다.
- 발화 과정은 가연성 기체의 농도, 점화원의 온도, 혼합물의 발화에너지에 따라 결정된다.
- 점화원은 불꽃, 전기 스파크, 뜨거운 표면 등 다양한 형태로 존재할 수 있다.

4) 연소 유지

- 연소 과정에서 방출된 열이 다시 고체에 열 피드백되어 추가 열분해를 유도한다.
- 연쇄반응으로 연소가 지속되며, 연료가 소진될 때까지 계속된다.
- 연소 유지 과정에서는 화학반응 속도와 연료의 공급 속도가 중요하다.
- 연소 과정에서 생성된 열이 고체 연료의 온도를 유지하면서 지속적인

열분해를 촉진한다.

2. 열분석 실험

고체 연소의 특성을 이해하기 위해 다양한 열분석 기법이 활용된다.

1) TGA(Thermogravimetric Analysis)

- 온도를 일정한 속도로 상승시키며 시료의 질량 변화를 측정한다.
- 열분해가 일어나는 온도 범위, 분해 속도, 남은 잔류물의 양 등을 파악할 수 있다.
- 열분해 생성물의 질량 변화 패턴을 통해 열분해 메커니즘을 분석할 수 있다.
- TGA는 시료의 열적 안정성, 분해반응의 활성화에너지 등을 평가하는 데 유용하다.

2) DTA(Differential Thermal Analysis)

- 시료와 기준 물질의 온도 차이를 측정하여, 시료가 열을 흡수하거나 방출하는 과정을 분석한다.
- 물질의 상변화, 분해반응, 연소반응 등을 감지할 수 있다.
- DTA 곡선을 통해 흡열 및 발열반응의 종류와 크기를 평가할 수 있다.
- DTA는 시료의 열적 특성 및 반응 메커니즘을 이해하는 데 중요한 정보를 제공한다.

3. 생성물 특성

고체 연소로 생성되는 연기, 가스, 그을음(soot) 등은 다양한 특성을 가지며, 화재 시 2차 피해를 유발할 수 있다.

1) 가연성 가스

- 메테인(CH_4), 일산화탄소(CO) 등 추가적인 연소를 유발하여 화재를 확대시킬 수 있다.
- 가연성 가스는 산소와의 반응성을 높여 폭발적 연소를 초래할 수 있다.

- 가연성 가스의 농도와 산소의 농도 비율이 화재의 강도와 지속 시간을 좌우할 수 있다.

2) 유독가스

- 질소, 황, 염소 등을 함유한 고분자는 연소 시 사이안화수소, 염화수소, 아황산가스 등을 방출한다.
- 유독가스는 인체에 치명적인 영향을 미칠 수 있으며, 화재 시 피난을 어렵게 할 수 있다.
- 유독가스의 농도와 노출 시간에 따라 건강 피해가 달라질 수 있다.
- 유독가스의 확산 속도와 양을 예측하여 화재 안전 대책을 마련할 필요가 있다.

3) 그을음(soot)

- 불완전연소로 인해 생성되는 탄소 미립자로, 공기 중에 부유하여 호흡기를 자극한다.
- 그을음 입자는 미세한 크기로 인해 폐에 깊숙이 침투할 수 있다.
- 그을음은 공기 중에서 광학적 특성을 변화시켜 시야를 가릴 수 있다.
- 그을음의 화학적 성분과 입자 크기에 따라 환경 오염 및 건강 피해가 달라질 수 있다.

CHAPTER 06

폭발

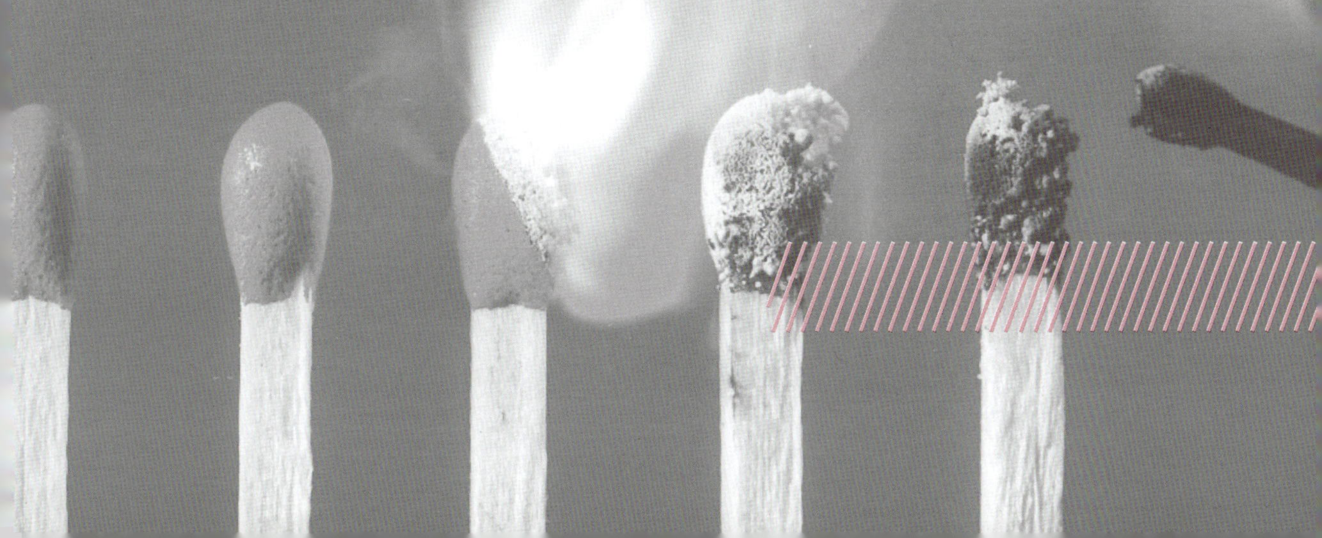

CHAPTER 06

폭발

학습목표

- 폭발의 개념과 연소와의 차이점을 이해한다.
- 폭발의 다양한 종류(화학적, 물리적, 핵, 전기적 폭발 등)를 구분하고, 각 폭발 메커니즘을 설명할 수 있다.
- 폭발 발생 시 열역학 · 역학적 특성을 이해하고, 폭발 영향 범위를 평가할 수 있다.
- 폭발 방지와 예방 원리를 습득하고, 실제 시설 운영 및 관리에 적용할 수 있다.

1 폭발의 정의[1)]

1.1 폭발의 개념

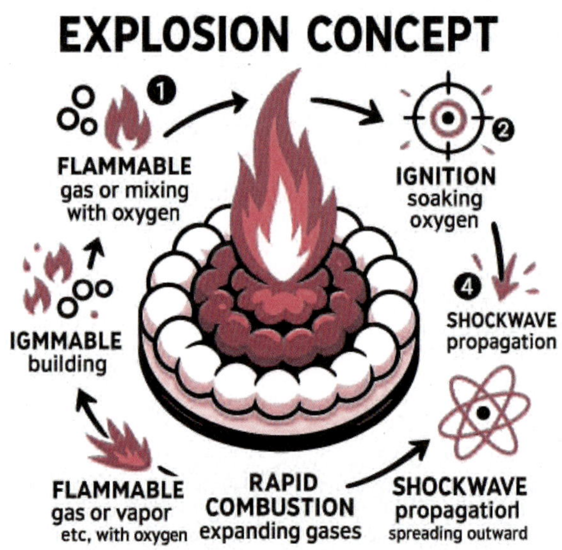

그림 6.1 폭발 개념도

폭발(explosion)은 물질이 극도로 빠른 속도(급속한 발열반응 또는 물리적 팽창)로 에너지를 방출하여, 그 결과 발생한 고압력 영역이 충격파(shock wave) 형태로 주위에 전파되며, 구조물 파괴 · 인명 피해 등을 일으키는 현상을 말한다.

- 화학반응적 측면 : 가연성 물질(연료)과 산소(또는 산화제)가 짧은 시간에 빠른 연소반응을 일으킬 때 형성되는 고온 · 고압 상태를 지칭
- 물리적 측면 : 단순히 온도나 압력 차가 급격히 발생하는 경우(압력 용기 파열, 증기 팽창 등)에도 폭발 현상으로 분류

1) Drysdale, D. (2011). An Introduction to Fire Dynamics (3rd ed.). Wiley.

1.2 폭발과 연소의 차이점

연소는 산화반응을 통해 열과 빛을 발생시키는 일반적인 화학 현상이며, 폭발은 이 연소가 극도로 빠른 속도와 큰 압력 상승을 동반한다는 점에서 구분된다. 즉, 폭발도 '연소'의 일종이지만, 다음과 같은 특성을 갖는다.

- **속도 측면** : 폭발은 매우 짧은 시간 안에 큰 에너지가 방출되어 충격파가 발생
- **압력 상승 측면** : 폭발은 국부적 압력 상승이 주변에 파급되어 파괴적 영향을 미침

표 6.1 연소와 폭발의 차이점

구분	연소(combustion)	폭발(explosion)
반응속도	상대적으로 느림 (예 일반 화염 전파)	매우 빠름 (초음속~아음속 전파)
압력 변화	미미하거나 완만	급격한 상승 (충격파 동반)
주요 피해	화재, 온도상승	구조물 파괴, 충격파, 파편 비산

1.3 폭발의 역사적 사례

폭발 사고는 산업화와 함께 빈번하게 발생하여 대규모 인적·물적 피해를 초래해 왔다. 대표적인 사례를 살펴보자.

1. 1917년 할리팩스 폭발(Halifax Explosion)

- **위치** : 캐나다 할리팩스 항만
- **원인** : 화약 등 폭발물을 실은 선박 충돌 → 대규모 폭발
- **피해** : 도시 대부분이 파괴되고 2,000명 이상 사망
- **교훈** : 대량 폭발물 취급 시 운송 단계부터 안전관리가 필수적임

2. 1947년 텍사스 시티 재해(Texas City Disaster)

- **위치** : 미국 텍사스 시티 항구
- **원인** : 질산암모늄을 다량 적재한 화물선 폭발 → 인근 석유화학 공장 연

쇄 폭발

- 피해 : 항만 및 시가지 대규모 피해, 사망 500여 명 이상
- 교훈 : 질산암모늄 및 화학물질의 안전한 적재·보관과 긴급 대응 체계의 중요성

3. 2015년 중국 톈진항 폭발

- 원인 : 무기 화학 물질 및 위험물 저장고에서 화재 후 폭발
- 피해 : 창고 및 주변 건물 파괴, 사망자 100여 명 이상, 대규모 환경 오염
- 교훈 : 위험물 저장 시 보관 기준 준수, 안전거리 확보, 관리 감독 강화

이러한 사례들은 폭발 방지 및 안전관리가 얼마나 중요한지를 잘 보여준다.

2 폭발의 종류[2)]

폭발은 크게 화학적 폭발과 물리적 폭발로 양분되며, 그 외에도 핵폭발, 전기적 폭발 등이 존재한다. 또한 폭발 전파 속도에 따라 폭굉(detonation)과 폭연(deflagration)으로 분류한다.

2.1 화학적 폭발(chemical explosion)

1. 화학적 폭발의 개념과 중요성

화학적 폭발은 일반적으로 빠른 화학반응(산화 · 환원반응, 분해반응 등)을 통해 다량의 에너지가 짧은 시간 안에 방출될 때 발생하는 현상이다. 폭발 과정에서 반응 물질이 방출하는 열과 생성되는 가스(또는 증기)가 급격한 압력 상승 및 충격파를 동반하여 주변 환경에 물리적 피해를 준다. 이러한 폭발은 산업 현장의 안전, 가정의 가스 안전, 연구실 실험 안전 등 광범위한 영역에서 핵심적으로 다루어져야 하는 주제이다.

2) Eckhoff, R. K. (2003). Dust Explosions in the Process Industries (3rd ed.). Gulf Professional Publishing.

화학적 폭발은 다음과 같은 특징을 가진다.

- **급격한 에너지 방출** : 매우 짧은 시간(밀리초~수초) 내에 많은 열과 압력이 발생한다.
- **폭발 한계 범위 존재** : 가스나 분진 등은 폭발하기 위한 특정 농도 범위를 가진다.
- **점화원(ignition source)의 중요성** : 폭발 반응을 시작하기 위해서는 특정 에너지를 초과하는 점화원이 필요하다.
- **충격파 발생** : 폭발의 규모가 클수록 충격파가 강해져 2차 피해가 발생한다.

이러한 특성으로 인해 화학적 폭발은 산업 및 일상생활에서 큰 위험 요소로 인식되어 왔다. 과거 대형 화학 플랜트 폭발 사고와 가정용 가스 폭발 사고 등은 모두 화학적 폭발 메커니즘에 기인한다. 따라서 안전관리를 위해서는 폭발 메커니즘과 영향인자를 정확히 이해하고, 적절한 대책을 수립해야 한다.

2. 가스 폭발(gas explosion)

1) 정의와 메커니즘

가스 폭발은 가연성 가스(메테인, 프로페인, 수소 등)가 공기와 폭발 한계(LEL~UEL) 범위 내로 균질하게 혼합된 상태에서 점화원을 만나 급격히 연소(혹은 폭발)하는 현상이다.

- **LEL(Lower Explosive Limit)** : 최저 폭발 농도, 그 이하 농도에서는 연소(폭발)가 발생하지 않는다.
- **UEL(Upper Explosive Limit)** : 최고 폭발 농도, 그 이상 농도에서도 연소(폭발)가 일어나지 않는다(산소 부족).

가스 폭발의 기본 메커니즘은 크게 다음 세 단계로 요약된다.

(1) 가스 누출 및 혼합 단계

- 설비 결함, 배관 균열, 밸브 파손 등으로 가연성 가스가 누출된다.
- 누출된 가스는 주변 공기와 섞이며, 폭발 농도 범위 내에 도달할 수 있다.

(2) 점화 단계

- 정전기 스파크, 전기 스위치, 고온 표면 등이 점화원이 될 수 있다.
- 혼합 가스가 점화원을 만나면 순간적으로 고온 · 고압이 발생하며, 화염 핵이 형성된다.

(3) 화염전파와 폭발 단계

- 화염 핵 주변의 가스가 연소하면서 추가적으로 열과 압력을 발생시킨다.
- 폭발압이 일정 값을 넘어서면 충격파 형태로 전파되어 대형 사고로 이어진다.

2) 특징 및 영향인자

(1) 혼합비율의 중요성

- 메테인의 폭발 범위는 약 5~15 vol %로 이 범위 내에서만 폭발 가능성이 존재한다.
- 가스별 폭발 한계 농도를 이해하고 모니터링하는 것은 안전관리의 핵심이다.

(2) 화염 전파 속도

- 가스 폭발 시 화염 전파 속도는 수백 m/s에서 음속 이상까지 도달할 수 있다.
- 만약 화염 전파 속도가 음속을 초과하면 폭굉으로 전이되어 파괴력은 더욱 커진다.

(3) 점화원 다양성

- 정전기, 스파크, 고온 배기관, 용접 불꽃 등 폭넓은 에너지원이 폭발의 시발점이 된다.
- 따라서 공정 설계나 가스 설비 주변에서는 '무화염 방폭 설비(flameproof enclosure)'나 '본질안전회로(intrinsic safety)' 등을 적용하기도 한다.

(4) 빈번한 발생

- 석유화학 공장 같은 산업 플랜트에서 대규모 누출 사고가 발생하면

대형 폭발로 이어질 가능성이 높다.
- 일상생활에서도 도시가스 누출로 인한 폭발 사고가 자주 보고된다.

3) 대표 사례 및 예방 대책

(1) 도시가스 누출 폭발

- 가스 누출 감지 센서의 미설치 혹은 오작동, 환기 불량, 사용자 부주의 등이 주요 원인이다.
- **예방** : 가스 배관 및 연결 호스 점검, 가스 감지기 설치, 주기적 안전 교육

(2) 석유화학 플랜트 폭발

- 배관 및 공정 설비의 미세 균열로 인한 누출, 화염 방지기(flame arrestor) 미흡 등이 원인이다.
- **예방** : API(미국석유협회) 표준 또는 NFPA(미국소방협회) 규정을 준수한 설계ㆍ운영, 정기적 안전 검사

(3) 예방 전략

- 가스 누출 감지 센서 설치 및 유지보수
- **환기 시스템 강화** : 자연대류뿐만 아니라, 필요 시 강제대류를 통해 가스 농도를 희석
- **정기적 안전 점검 및 검사** : 배관, 밸브, 용접부 등 취약 부위 집중 관리
- **점화원 관리** : 방폭 규정에 맞는 전기기기 사용, 정전기 제거 시설 적용

3. 분진 폭발(dust explosion)

1) 정의와 발생 원리

분진 폭발은 미세 고체 입자(곡물, 석탄, 금속 분말 등)가 공기 중에 부유하여 폭발 한계 이상의 농도를 형성하고, 점화원을 만나 폭발적으로 연소하는 현상이다. 분진 폭발의 메커니즘은 가스 폭발과 유사하지만, 고체의 분말 상태라는 점에서 몇 가지 고유한 특성을 가진다.

(1) 표면적 증가 효과

- 입자가 미세할수록 총 표면적이 기하급수적으로 증가하여 산화반응

속도가 빨라진다.
- 반응속도가 빠르면 폭발력이 커지고 압력이 단시간에 급상승한다.

(2) 2차 폭발의 연속성
- 1차 폭발 시 축적되어 있던 분진이 다시 공기 중으로 퍼져 농도를 형성, 연속적인 2차 · 3차 폭발로 이어질 수 있다.

2) 특징 및 위험 인자

(1) 발화에너지 감소
- 분말 입자는 외부 에너지를 쉽게 흡수하여 발화점에 도달할 수 있다.
- 미세 금속 분말(알루미늄, 마그네슘 등)은 매우 낮은 에너지(수 mJ)에서도 발화될 수 있어 위험성이 크다.

(2) 밀폐 공간에서의 위험 증대
- 사일로, 분쇄 공정실, 분체도장 부스 등 밀폐 · 반밀폐 구조에서는 폭발 압력이 더 크게 상승한다.
- 폭발 분진농도가 쉽게 높아지는 환경이므로, 환기가 매우 중요하다.

(3) 정전기 발생 가능성
- 분말이 공기 중을 이동하거나 컨베이어, 배관을 지날 때 마찰이나 충돌로 정전기가 발생할 수 있다.
- 정전기는 강력한 점화원으로 작용한다.

3) 대표 사례 및 예방 대책

(1) 곡물창고 폭발
- 오래된 곡물 저장시설에서 환기 불량, 먼지 축적, 정전기 방전 등의 복합적 요인으로 발생
- **예방** : 정기적인 분진 제거, 적절한 환기 및 습도 관리, 방폭형 전기 설비 설치

(2) 분체도장 공장 폭발
- 도장 공정 중 분체 물질이 지속적으로 배출되어 부유 농도가 높아짐
- **예방** : 진공 시스템 사용, 분진농도 모니터링, 정전기 제거 장치(접지

시설 등) 적용

(3) 금속 분말 폭발

- 알루미늄, 마그네슘, 티타늄 등은 산소와의 반응성이 강하다.
- 예방 : 흡습 관리(습도가 높으면 발화에너지 증가 필요), 불활성 가스 분위기(N_2, Ar 등) 사용, 작업자 보호구 착용

4. 증기 폭발(vapor explosion)

1) 정의와 메커니즘

증기 폭발은 고온 물질(용융 금속, 유리, 용암 등)이 물 혹은 다른 저온 액체와 급격히 접촉할 때 순간적인 열교환으로 인해 대량의 증기가 발생하고, 부피가 폭발적으로 팽창함으로써 발생한다. 이 과정은 화학반응보다는 물리적 · 열적 충돌에 가깝지만, 폭발적인 에너지 방출 형태로 인해 화학적 폭발 범주와 유사하게 다루기도 한다.

(1) 열 충격(thermal shock)에 의한 급격한 증발

- 용융 금속(수천 °C)과 물(실온~100°C)이 접촉하면 물이 극도로 빠르게 증발하면서 대량의 증기가 형성
- 부피 팽창률이 수백~수천 배에 달함

(2) 압력 상승과 충격파

- 증기가 부피를 순식간에 확장함으로써 주변압을 단번에 높인다.
- 구조물 파손, 파편 비산 등 2차 피해를 동반

2) 사례 및 예방

(1) 화산 폭발

- 용암이 물과 접촉(호수, 해양)하면 수증기 폭발이 일어나 화산재와 가스가 대기 중으로 분출된다.
- 지형 변화, 피해 범위가 광범위하며 예측이 어려운 편이다.

(2) 주조 작업 사고

- 주조 공장에서 고온의 용융 금속(철, 알루미늄 등)이 습기 많은 사형 혹은 물기 있는 도구와 만나면 증기 폭발 가능성이 존재한다.

- 예방 : 사형 건조, 작업장 습도 관리, 신속한 배출로 확보

(3) 액체 금속 냉각재와의 반응

- 원자력 발전소에서 사용되는 나트륨 냉각로 등이 물과 직접 접촉 시 화학반응+열 폭발이 동시에 일어날 수 있어 위험성이 매우 크다.
- 예방 : 냉각 계통 설계 시 이중벽 구조 적용, 누출 모니터링 철저

2.2 물리적 폭발(physical explosion)

1. 물리적 폭발의 개념

물리적 폭발은 화학반응 없이 물리적 요인(압력, 온도, 상변화 등)에 의해 내부 에너지가 급격히 방출되는 현상이다. 대표적으로 압력 용기 파열, 비등 액체 팽창 증기 폭발(BLEVE), 증기운 폭발(VCE), 응상 폭발 등이 있다. 화학적 폭발에 비해 폭발 과정 자체는 단순하지만, 폭발 위력은 상당할 수 있으며, 종종 2차 화학적 폭발을 유발하는 사례도 존재한다.

2. 압력 용기의 파열

1) 정의와 원인

압력 용기 파열은 보일러, 고압 반응기, 고압가스 저장 탱크 등 내부가 고압 상태인 장치가 기계적 결함, 과도한 내부 압력, 부식, 금속 피로 등에 의해 한계 강도를 초과하여 파열되는 현상이다.

(1) 과압 상태

- 안전밸브, 파열판 등이 고장 나거나 막혀서 내압이 급격히 상승
- 온도상승에 따라 유체의 증기압 증가

(2) 재질 열화

- 부식, 피로균열, 용접 불량 등으로 설계 압력을 버티지 못하는 경우

2) 파열 특성과 피해 양상

(1) 내부 유체 방출

- 고압증기나 가스가 순간적으로 방출되며 충격파를 발생시킨다.

• 파편이 비산하여 인근 인원과 시설에 2차 피해를 준다.

(2) 2차 사고 위험

• 방출된 유체가 가연성·독성일 경우 대형 화재나 누출 사고로 이어질 수 있다.

(3) 파열 형태

• **취성 파괴** : 저온 및 금속 결함 시 급격히 파단
• **연성 파괴** : 인성이 남아 있을 경우 일부 변형 후 파열

3) 예방 및 안전관리

(1) 설계 기준 준수

• ASME Boiler and Pressure Vessel Code, KGS(한국가스안전공사) 기준 등에 따른 설계·제작 필요
• 안전유리계수(safety factor)를 충분히 확보

(2) 정기적 검사와 유지보수

• **비파괴 검사(NDT, Non-Destructive Testing)** : 초음파 탐상, 방사선 투과검사 등을 통한 결함 조기 발견
• 내부 부식, 부식성 유체 취급 시 특별 관리

(3) 안전장치 적용

• 안전밸브(safety valve), 파열판(rupture disc) 등 초과 압력 해소 장치를 설치
• 압력, 온도 모니터링 시스템으로 실시간 이상 감지

3. 비등 액체 팽창 증기 폭발(BLEVE, Boiling Liquid Expanding Vapor Explosion)

1) 정의와 메커니즘

BLEVE는 액화 상태의 가연성 가스(예 LPG, LNG, 프로펠런트 등)를 저장하는 탱크가 외부 열원(화재 등)에 의해 가열되어 내부 압력이 상승하고, 결국 탱크가 약화되어 파열되는 시나리오다. 파열과 동시에 액체가 급격히 기화되면서 대규모 화염과 충격파를 발생시킨다.

(1) 외부 가열

- 탱크 주변에서 화재가 발생하면 액화가스 온도가 상승, 증기압이 증가한다.

(2) 재질의 강도 저하

- 탱크 금속이 고온으로 인해 항복 강도가 저하되어 파열 가능성이 높아진다.

(3) 파열 및 가연성 증기의 분출

- 탱크 파열 시 분출된 액체가 순식간에 증기로 변환, 큰 폭발과 함께 화염 덩어리(fireball)를 형성한다.

2) 특징과 대규모 피해

(1) 강력한 충격파

- BLEVE는 매우 짧은 시간에 대량의 액체와 증기가 분출되어, 화학적 폭발 못지않은 충격파가 발생한다.

(2) 화염 덩어리(fireball) 형성

- 액체가 기화되면서 가연성 혼합물을 형성하고, 점화되어 거대한 화염 덩어리가 발생한다.
- 열복사 피해 범위가 매우 넓다.

(3) 파편 비산

- 탱크가 깨지면서 금속 파편이 수백 m 이상 비산하여 인명 피해를 가중한다.

3) 예방 및 대응

(1) 열 방호 시설

- 탱크 주변에 수냉식 스프링클러, 방화벽, 단열재 등을 설치해 외부 화재 온도가 탱크에 전달되지 않도록 한다.

(2) 안전밸브와 긴급 차단

- 내부 압력을 조절할 수 있는 안전밸브(pressure relief valve)를 주

기적으로 점검

- 화재 발생 시 즉시 밸브를 차단하거나 탱크 내 압력을 낮출 수 있는 시스템 구비

(3) 대응 절차

- 화재가 탱크에 번졌을 경우, 우선적으로 냉각수를 살포해 탱크 온도 상승을 억제
- 대피령 발령, 주변 인화성 물질 격리 · 차단 조치

4. 증기운 폭발(VCE, Vapor Cloud Explosion)

1) 정의와 발생 단계

증기운 폭발(VCE)은 대량의 가연성 가스 또는 증기가 누출되어 대기 중에 구름 형태로 부유 · 이동하다가, 점화원에 의해 폭발하는 현상이다. 일반적인 가스 폭발과 유사하지만, 그 스케일이 훨씬 크며 외부 환경(풍속, 기온 등)에 따라 폭발 범위가 가변적이다.

(1) 누출

- 파이프라인, 저장 탱크 등의 손상으로 대량의 가스가 누출

(2) 증기운 형성

- 누출된 가스가 공기와 섞여 폭발 범위 농도의 구름 형태를 이룬다.

(3) 발화 및 폭발

- 점화원에 의해 구름 전체가 폭발하며, 광범위 지역에 걸쳐 충격파와 화염이 발생

2) 특징 및 사례

(1) 광범위 피해 가능성

- 증기운은 바람 방향으로 이동하면서 폭발 범위를 넓혀 최대 수 km 이상 영향을 줄 수 있다.

(2) 예측 어려움

- 풍향, 풍속, 지형지물 등에 따라 증기운의 형상이 달라져 사고 규모

예측이 까다롭다.

(3) 플릭스버러(Flixborough) 폭발 사고(1974)

- 사이클로헥산(cyclohexane) 누출 후 큰 증기운이 형성되어 폭발, 28명 사망, 대규모 시설 파괴

(4) 멕시코시티 LPG 저장소 폭발(1984)

- LPG 대량 누출 후 증기운 폭발로 수백여 명 사망, 수천여 명 부상, 주변 지역 대규모 피해

3) 예방 및 관리

(1) 누출 방지 설계

- 고압 배관, 플랜지, 밸브 등 잠재적 누출 지점의 밀봉 강화
- 자동화 · 원격 모니터링 시스템을 통해 누출 시 신속 차단

(2) 가스 감지 및 경보 시스템

- 위험 지역에 다중 포인트 가스 센서 설치
- 누출 발생 시 경보, 자동 차단, 환기 시스템 연동

(3) 비상 대응 계획

- 인근 주민 대피 매뉴얼, 소방 방재 계획 수립
- 최악의 시나리오(가스 대량 누출)를 가정한 훈련 실시

5. 응상 폭발(cryogenic liquid explosion)

1) 정의와 특징

응상 폭발은 극저온 액체(액화 산소, 액화 질소, 액화 수소 등)가 대기나 다른 온도가 높은 물질과 접촉할 때, 급격한 기화와 부피팽창으로 인해 발생하는 폭발적 현상이다.

- **액체 산소** : 대기 중 산소보다 훨씬 높은 산소농도(순도)가 되어, 주변 물질의 연소반응을 강력하게 증폭시킴
- **액체 질소** : 저온 상태에서 기화 시 부피가 약 700배(대기압 기준) 이상 팽창

2) 위험 요인

(1) 부피팽창

- 소량의 액체라도 기화 시 기체 부피가 엄청나게 증가하여 압력 상승과 충격파를 일으킬 수 있다.

(2) 산소농도 상승

- 액체 산소가 누출되면 주변의 산소농도가 높아져, 일반적으로 불연성인 물질도 착화에너지가 낮아져 불이 쉽게 붙는다.

(3) 저온 취성

- 극저온 물질이 금속이나 플라스틱, 고무를 급속 냉각하면 재질이 취약해져 균열이 발생할 수 있다.
- 이에 따라 2차 누출, 파열로 이어지는 악순환이 가능하다.

3) 예방 대책

(1) 보온 · 단열 설계

- 극저온 저장 탱크는 고성능 단열 재질(진공 이중벽 등)로 보온하여 외부 열원 유입을 최소화한다.

(2) 안전밸브 설치

- 내부 압력 상승 시 자동으로 압력을 배출할 수 있는 밸브, 파열판 등 필수 장착

(3) 취급 절차 준수

- 액체 산소나 질소 취급 시 안전복, 얼굴 보호구 등을 착용
- 각 물질별 특성(GHS 분류, MSDS 정보)을 숙지하고, 누출 시 즉각 대처

2.3 핵폭발(nuclear explosion)

1. 정의 및 에너지 스케일

핵폭발은 핵분열(우라늄-235, 플루토늄-239 등) 또는 핵융합(수소폭탄

등)반응에서 발생하는 막대한 에너지가 극단적으로 빠른 속도로 방출되는 폭발이다. 화학적 폭발에 비해 에너지가 수백만 배 이상 크며, 열복사, 충격파, 방사능 낙진 등 다층적 재해를 초래한다.

2. 특징과 피해 양상

1) 막대한 열복사

- 수천 ~ 수만 °C 온도에서 발산되는 열이 주변을 순간적으로 증발·발화시킨다.
- 대규모 화재와 인체 화상, 화상 사망자가 다수 발생

2) 충격파와 버섯구름

- 핵폭발의 충격파는 수 km 이상 지역을 초토화시키며, 건물 파괴와 함께 광범위한 인명 피해를 낳는다.
- 폭발 직후 발생하는 버섯구름(mushroom cloud)은 방사성 물질을 상층 대기로 운반한다.

3) 방사능 오염

- 낙진(fallout)을 통해 방사성 동위원소가 주변에 장기간 잔류, 암 발병 등 심각한 건강 문제와 환경 오염을 유발한다.

3. 사례와 안전관리

1) 히로시마·나가사키 원폭(1945)

- 제2차 세계대전 말기 핵무기 사용으로 인해 수십만 명의 즉각적·장기적 희생자가 발생

2) 체르노빌 원자력 발전소 사고(1986)

- 원자로 제어 불능 상태, 폭주 반응으로 인해 증기 폭발과 화재가 발생하며 대규모 방사성 물질 누출

3) 후쿠시마 원전 사고(2011)

- 지진과 쓰나미로 인한 냉각 시스템 손실, 수소 폭발(수소는 핵연료 피복

재와 물의 반응으로 발생) 등이 복합적으로 작용
- 대규모 지역 방사능 오염 및 장기 피난 사태

4) 핵폭발 위험 관리
- 원자력 발전소 : 다중 방어체계(중첩적 안전장치), 정기적 안전 검사, 방호벽(containment) 설계 강화
- 핵무기 비확산 조약(NPT), IAEA 안전 기준 준수 등을 통해 군사적 · 공업적 핵폭발 위험을 최소화

2.4 전기적 폭발(electrical explosion)

1. 정의와 작동 원리

전기적 폭발은 고전압 또는 고전류 상태에서 전기적 단락(short circuit), 아크(arc) 등이 발생하여 순간적으로 전기에너지가 열에너지로 변환되고, 이때 주변 가연성 물질(가스, 분진 등)을 점화하여 폭발을 일으키는 현상이다. 직접적인 전기기기의 파손이나 금속 파편 비산도 "전기적 폭발" 범주에 포함될 수 있다.

2. 특징

1) 점화원 역할
- 전기 스파크, 아크가 화학적 폭발(가스 · 분진 폭발)을 유발하는 대표적 점화원이다.
- 위험 지역(석유화학 설비 등)에서는 방폭형 전기기기(Ex d, Ex e 등) 사용이 필수적이다.

2) 아크 플래시(arc flash)
- 고전류 회로가 단락될 때 발생하는 강렬한 아크로 인해 폭발적 열과 광학 에너지가 방출된다.
- 작업자가 가까이 있을 경우, 심각한 화상, 시력 손상 등을 입을 수 있다.

3. 사례와 예방

1) 탄광 메테인 폭발

- 전기 스파크로 인해 갱내 메테인 가스가 폭발하는 전형적인 사례
- 갱도 내 방폭형 설비 사용, 메테인 농도 지속 측정, 환기 시스템 강화가 요구된다.

2) 화학 공장 전기 단락 사고

- 노출된 전선, 노후 전기 케이블 등으로 아크가 발생하여 가연성 증기 · 가스 폭발로 이어짐
- 예방 : 전기 설비 점검, 절연 성능 유지, 접지 강화

3) 예방 전략

- **방폭형 전기기기 도입** : NFPA 70(NEC), IECEx, ATEX 지침 준수
- **정전기 제거** : 접지(earthing), 본딩(bonding), 정전기 방전(ESD) 제어
- **정기 점검 및 유지보수** : 전기 패널, 케이블, 스위치 기어 등 주요 전기 설비 점검

2.5 폭굉(detonation)과 폭연(deflagration)

1. 폭굉

1) 정의

폭굉은 화염 전파 속도가 음속(약 340 m/s)보다 빠른 폭발 형태를 말한다. 반응 전선(reaction front)과 충격파(shock wave)가 동일 속도로 이동하며, 매우 높은 압력과 온도를 순간적으로 형성한다.

2) 특징

(1) 충격파 주도 반응

- 높은 압력(수십~수백 기압)에서 화학반응이 스스로 강화되어 초음속으로 전파된다.
- 폭약, 고성능 추진제에서 흔히 볼 수 있는 메커니즘

(2) 막대한 파괴력

- 압력 상승폭이 크고 에너지 방출 속도가 매우 빨라, 구조물 파괴와 인체에 치명적 영향을 준다.
- 예시 : TNT 폭약 폭발, 가스 배관 누출 시 특정 조건에서 폭굉으로 전이 가능

2. 폭연

1) 정의

폭연은 화염 전파 속도가 음속보다 느린 폭발 형태로, 전형적인 가스 폭발, 분진 폭발, 화재성 폭발이 이에 해당한다. 열전도와 물질 확산에 의해 화염이 전파된다.

2) 특징

(1) 상대적으로 완만한 압력 상승

- 폭굉에 비해 압력이 완만하게 오르며, 충격파 대신 화염 전선이 서서히 이동한다.

(2) 일상에서의 폭발 사례

- 가정용 도시가스 폭발, 분진 폭발 등 대부분의 폭발은 폭연 형태이다.

(3) 전이(transition) 가능성

- 특정 조건(반응성, 혼합 균질도, 점화 에너지 등)이 충족되면 폭연이 폭굉으로 전환될 수 있다.

3. 폭발 유형별 대응

1) 폭굉 방지

- 폭발 방지 장치(detonation arrestor), 급속 차단 밸브 등 설치
- 반응성 혼합물의 형성 방지, 점화원 관리 철저

2) 폭연 방지

- 분진 제거, 가스 환기, 인화성 물질 농도 제어
- 압력 해소용 벤트(vent) 설치, 방폭 설비 적용

3 폭발의 특성[3)]

3.1 폭발의 열역학적 특성

- 단열 과정(adiabatic) 가정 : 폭발은 매우 짧은 시간에 일어나므로, 외부로 열이 전달되기 전에 반응이 종료되므로 단열 압축 또는 단열 팽창 과정으로 근사 가능
- 엔탈피 · 자유에너지 변화 : 폭발 반응은 막대한 화학결합 에너지가 순간적으로 해방되며, 엔트로피 증가에 따라 자유에너지(Gibbs free energy)가 급격히 감소하는 방향으로 진행됨

표 6.2 폭발 전 · 후 상태량 비교[4)]

구분	온도(T)	압력(P)	부피(V)	엔트로피(S)
폭발 전	보통 (가정)	대기압 ~ 중압	상대적으로 작음	상대적으로 낮음
폭발 후	매우 높음 (수천 ℃)	매우 높음 (수십 기압 이상)	순간적 팽창	급격히 증가

3.2 폭발 압력과 충격파

- 폭발 압력 : 폭발 지점에서 국부적으로 수십~수백 배 대기압까지 상승할 수 있음.
- 충격파 발생 메커니즘 : 폭발 지점 주변 공기가 급격히 압축되면서 충격파가 형성되어 고속으로 전파
- 피해 양상 : 충격파가 구조물을 때리면 큰 동압이 작용해 파괴가 일어나며, 2차 파편 비산으로 인명 피해 발생

---

3) Lees, F. P. (2005). Lees' Loss Prevention in the Process Industries. Butterworth-Heinemann.

4) Crowl & Louvar, "Chemical Process Safety", Prentice Hall.

그림 6.2 폭발 시 구형 충격파가 중심에서 퍼져나가며 강도가 점차 감소하는 과정

3.3 폭발 한계와 연소속도

- 폭발 한계(LEL~UEL) : 가연성 물질(가스, 분진)이 폭발을 일으킬 수 있는 농도 범위로서 이 범위 밖에서는 점화원이 있어도 폭발하지 않음
- 연소속도 : 연소속도가 빠를수록 더 짧은 시간에 많은 에너지가 방출되므로 폭발 강도가 커진다.
- 초음속 vs 아음속 : 연소속도가 음속을 초과하면 폭굉, 미만이면 폭연

3.4 에너지 방출 메커니즘

- 화학적 에너지 → 열, 빛, 음파
- 압력 차 → 기체 팽창
- 전기적 에너지(아크, 스파크)
- 핵반응 → 핵결합 에너지 방출

3.5 폭발 영향 범위 분석

- **거리-압력 상관** : 폭발 중심에서 멀어질수록 압력은 거리의 제곱 이상으로 감소(폭발 파동 감쇠)
- **반사 효과** : 밀폐 공간, 건물 벽 등에서 충격파가 반사되어 국부적 압력 상승 유발
- **열복사 및 파편** : 폭발 시 발생하는 화염과 파편이 추가 피해를 야기(화재 확산, 인체 상해 등)

4 폭발의 방지[5)6)]

폭발 사고 예방은 종합적인 안전관리로 실현 가능하며, 폭발 위험성 평가를 통해 위험 요소를 파악하고, 예방적 설계와 운영 · 관리 대책을 병행해야 한다.

4.1 폭발 위험성 평가

- HAZOP(위험과 운전 분석), FMEA(고장형태영향분석), Fault Tree Analysis(FTA) 등 공정 위험성 평가 기법을 활용
- 중점 분석 항목
  ① 사용 · 저장 물질의 폭발성 (LEL, UEL, MIE 등)
  ② 공정 압력 · 온도 조건
  ③ 점화원(전기 스파크, 마찰열 등)
  ④ 밀폐도, 환기 상태
- 사고 시나리오 : 최악의 사고 시나리오(worst case)를 가정하고 폭발 영향 범위, 피해 규모를 추정 → 예측 결과를 바탕으로 설계·운영 가이드라인 수립

5) Crowl, D. A. & Louvar, J. F. (2002). Chemical Process Safety: Fundamentals with Applications (2nd ed.). Prentice Hall.

6) NFPA 68, 69. Explosion Protection by Deflagration Venting, Explosion Prevention Systems. National Fire Protection Association.

4.2 예방적 설계 원칙

1. 안전밸브와 방폭 설비

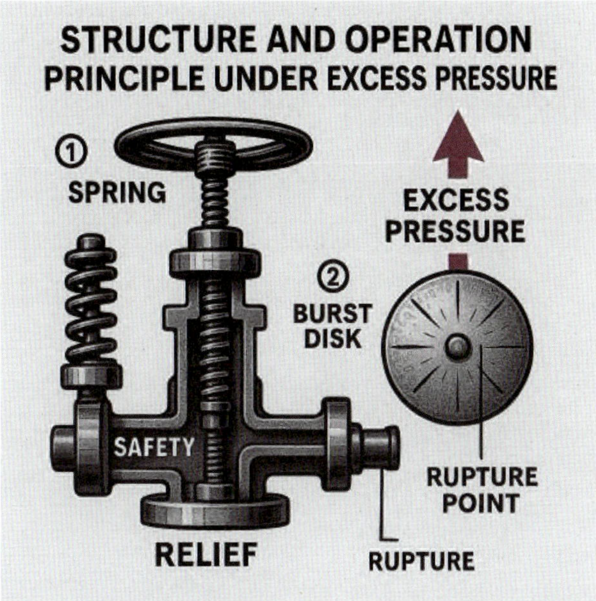

그림 6.3 안전밸브와 버스트 디스크의 구조와 초과 압력 시 작동 원리를 간단하게 설명하는 개략도

- 안전밸브(pressure relief valve) : 내부 압력이 일정 한도를 넘어가면 자동으로 밸브가 열려 과압을 해소
- 버스트 디스크(bursting disk) : 설계 압력 초과 시 얇은 금속판이 파열되어 순간적으로 압력을 방출
- 방폭 설비(explosion-proof)
  ① 전기기기 방폭 : 방폭 모터, 방폭 배선, 방폭형 스위치 등 사용
  ② 폭발 억제 시스템(explosion suppression) : 센서가 폭발 징후를 감지하면 소화약제를 분사해 반응을 차단
  ③ 폭발 판넬(explosion venting panel) : 폭발 발생 시 특정 부위가 터져 과압을 외부로 배출

2. 환기 시스템의 설치

- 자연 환기 : 벽·천장에 환기구를 설치해 가연성 가스·분진농도를 낮춤

- **기계 환기** : 팬, 송풍기 등을 이용해 공기를 주기적으로 교환
- **국소 배기** : 특정 공정 부위(예 분진 발생지점)에서 직접 흡입하여 외부로 배출

4.3 운영 및 관리 대책

1. 위험물질의 취급 및 저장

- **물질 특성 파악** : MSDS(Material Safety Data Sheet) 확인 후 폭발 하한계, 인화점, 발화점 등 데이터 숙지
- **분리 보관** : 반응성이 높은 물질(산화제·환원제 등)은 서로 떨어진 장소에 보관
- **안전거리 확보** : 위험물 저장 탱크 주변에 방호벽(다이크, 방호둑)이나 일정 반경을 비워둠

2. 정기적인 점검과 유지보수

- **설비 점검** : 압력 용기, 밸브, 배관, 환기 시스템, 전기 설비에 대해 주기적 검사 및 누출 시험 수행
- **안전 장비 교체** : 수명이 다한 안전밸브, 버스트 디스크 등을 적기에 교체
- **교육 · 훈련** : 작업자 대상 폭발 위험물 취급 교육, 비상 대응 매뉴얼 숙지

소방연소학 **정가 17,000원**

저자 : 이해평

발행인 : 임정대
발행처 : 도서출판 **화수목**

발행 : 2025년 8월 13일

등록 : 제2014-000166호

주소 : 서울시 마포구 신촌로 2길 5-15
전화 : 02-338-9119
팩스 : 02-335-2201

ISBN 979-11-89933-50-0 (93530)